内蒙古自治区生态环境保护督察技术及应用丛书

内蒙古自治区生态环境保护督察工作技术指南

草原生态、入河排污口、自动监控设施

内蒙古自治区生态环境督察技术支持中心　著

中国环境出版集团·北京

图书在版编目（CIP）数据
内蒙古自治区生态环境保护督察工作技术指南 ：草原生态、入河排污口、自动监控设施 / 内蒙古自治区生态环境督察技术支持中心著. -- 北京 ： 中国环境出版集团, 2024. 12. --（内蒙古自治区生态环境保护督察技术及应用丛书）. -- ISBN 978-7-5111-6127-7
Ⅰ. X321.226
中国国家版本馆 CIP 数据核字第 2024NK3295 号

责任编辑 易 萌
封面设计 彭 杉

出版发行 中国环境出版集团
（100062 北京市东城区广渠门内大街 16 号）
网 址：http: //www.cesp.com.cn
电子邮箱：bjgl@cesp.com.cn
联系电话：010-67112765（编辑管理部）
010-67112739（第三分社）
发行热线：010-67125803，010-67113405（传真）
印 刷 北京中科印刷有限公司
经 销 各地新华书店
版 次 2024 年 12 月第 1 版
印 次 2024 年 12 月第 1 次印刷
开 本 787 × 1092 1/16
印 张 10.75
字 数 160 千字
定 价 55 元

编写委员会

主　编： 陈　宇　　李　博

副主编： 张永强　　王文龙　　朱志成　　赵　斌

参　编： 姜质艳　　殷　婷　　赵月婉　　于　婷
张　婧　　史艳平　　刘晓婷　　刁海涛
王海瑞　　都达古拉　乔　慧　　戚海平
薛慧敏　　田雅婷　　陈亚楠　　王　婧

FOREWORD 前言

中央生态环境保护督察是以习近平同志为核心的党中央作出的重大改革举措，是贯彻落实习近平生态文明思想的重大体制创新。内蒙古自治区生态环境保护督察作为中央生态环境保护督察的延伸和补充，与中央生态环境保护督察有机衔接形成合力。为进一步提升内蒙古自治区生态环境保护督察业务水平，强化技术支持，提高生态环境保护督察质量和效率，本书立足服务办好“两件大事”，紧紧围绕筑牢我国北方重要生态安全屏障和建设美丽内蒙古，分析借鉴历次中央生态环境保护督察发现共性问题，结合内蒙古自治区实际，对草原生态、入河排污口、自动监控设施督察业务梳理总结，编写督察工作技术指南。

本书分为三篇，第一篇草原生态，第二篇入河排污口，第三篇自动监控设施。主要包括编制背景、适用范围、编制依据、术语定义、督察对象与责任划分、督察方式、督察内容与检查要点、督察常用工具软件等内容。第一篇以草原生态环境保护督察实践为视角，将草原破坏、草原违规征占、过牧超载等问题作为督察重点，全面梳理各级政府、有关部门和企业的责任义务，明确督察内容和要点，规范自治区草原生态环境保护督察工作流程，推动草原生态保护工作取得实效。第二篇以入河排污口排查整治工作成效为督察视角，将水生态环境质量持续改善作为目标，全面梳理各级政府、有关部门和企业责任清单，明确督察内容和要点，分析常见问题情形，规范自治区入河排污口督察工作流程，进一步提高自治区生态环境保护督察质效。第三篇以自动监控设施规范运行为视角，以篡改、伪造监测数据等逃避生态环境监管的环境违法行为作为督察重点，全面梳理重点督察事项、检查要点、数据造假典型案例，规范自动监控设施运行督察工作流程，提高内蒙古自治区生态环境保护督察的精准性、科学性。

由于篇幅所限，本书选取内蒙古自治区生态环境保护督察工作重点，希望能为广大生态环境保护督察工作人员提供一本实用的工具书。限于编者能力有限，书中难免存在错误和不妥之处，敬请各位读者批评指正。

CONTENTS 目录

草原生态篇

一、编制背景

第三次全国国土调查（简称“三调”）[①]数据显示，内蒙古自治区全区草地面积 81 561.26 万亩[②]，约占全国草地总面积的 20.5%，占全区总面积的 46%，其中，天然牧草地 71 882.99 万亩，占 88.13%；人工牧草地 190.74 万亩，占 0.23%；其他草地 9 487.53 万亩，占 11.63%。草地主要分布在锡林郭勒盟、阿拉善盟、呼伦贝尔市、鄂尔多斯市、巴彦淖尔市和乌兰察布市 6 个市（盟），占全区草地总面积的 84%。内蒙古草原自东向西依次分布着温性草甸草原、温性典型草原、温性荒漠草原、温性草原化荒漠和温性荒漠五大地带性草原类型，占全区草原总面积的 89%。内蒙古自治区还隐域分布着山地草甸、低平地草甸和沼泽 3 类非地带性植被，占全区草原总面积的 11%。

习近平总书记指出，把内蒙古自治区建设成为我国北方重要生态安全屏障、祖国北疆安全稳定屏障，国家重要能源和战略资源基地、农畜产品生产基地，我国向北开放重要“桥头堡”。“两个屏障”“两个基地”“一个桥头堡”的战略定位，指明了新时代内蒙古自治区的职责和使命，是新时代内蒙古自治区发展的总方向、大布局。草原作为内蒙古自治区最大的陆地生态系统，是我国北方生态安全屏障的重要组成部分，是全面建成农畜产品生产基地和能源战略资源基地的重要保障，是向北开放重要“桥头堡”的生态底色。但由于矿山开采、旅游无序开发以及过度放牧等侵占和破坏草原，内蒙古自治区草原生态系统比较脆弱。中央生态环境保护督察对内蒙古自治区开展的三批督察（两轮三次）中，均发现了草原保护存在

① 全国国土调查的主要目的是掌握翔实、准确的全国国土利用现状和自然资源变化情况，国土调查的任务以土地利用调查为主，并同步推进森林、草原、水、湿地等自然资源专项调查。2021 年 8 月 26 日，自然资源部公布了第三次全国国土调查主要数据成果。

② 1 亩≈667 m^2。

的问题。2016年7月14日—8月14日，第一轮第一批中央生态环境保护督察指出，内蒙古自治区草原生态环境依然十分脆弱，部分区域生态退化问题依然十分严重，水资源、矿产资源和草原的保护与利用矛盾依然非常突出，为实现构筑我国北方重要生态安全屏障的目标需付出更加艰巨的努力。2018年6月6日—7月6日，第一轮第一批中央生态保护督察开展“回头看”并针对草原生态环境保护问题统筹安排专项督察，确定了19项草原生态保护整改任务，主要涉及矿山开采破坏草原、旅游无序开发侵占草原以及过度放牧等问题。2022年3月25日—4月25日，第二轮第六批中央生态环境保护督察指出，内蒙古自治区草原退化、沙化、盐渍化面积达61.2%，一些地区历史上盲目垦殖、超载过牧、乱采滥挖造成的生态破坏“旧账”尚未还清，未批先占、少批多占和非法开垦草原林地等新的违法行为时有发生。2021年内蒙古自治区开展全区破坏草原林地违规违法行为专项整治行动，发现被破坏的草原高达174.3万亩，其中基本草原48.7万亩，涉及采煤、开矿、养殖等问题。

草原可持续利用及生态保护涉及多个部门，《中华人民共和国草原法》（以下简称《草原法》）、《内蒙古自治区草原管理条例》（以下简称《草原管理条例》）等法律法规规定了各级政府、有关部门和企业的责任义务，内蒙古自治区以责任清单的形式明确了各级部门的生态环境保护职责，但一些部门对所承担的草原保护责任没有严格落实到位，推进重点工作力度不够，草原生态系统仍然脆弱。将草原生态问题纳入生态环境保护专项督察，可以进一步压实地方党委和政府主体责任，确保各有关部门和责任单位将具体任务落到实处，推动草原生态保护工作取得实效，保护好全自治区8亿多亩草原，不断改善草原生态环境质量，筑牢我国北方重要生态安全屏障。

草原生态环境保护督察是全新督察实践，为规范开展内蒙古自治区草原生态环境保护督察工作，提高督察效能，有关部门编制了《内蒙古自治区生态环境督察草原生态类现场督察工作技术指南》（以下简称《草原生态类督察工作技术指南》）。

二、适用范围

《草原生态类督察工作技术指南》包括编制背景适用范围、编制依据、术语定义、督察对象与责任划分、督察方式督察内容与检查要点、草原督察常用数据平台、相关参考法律法规及文件等内容。《草原生态类督察工作技术指南》适用于内蒙古自治区草原生态环境保护例行督察、专项督察和派驻监察等工作。

三、编制依据

（1）《草原法》

（2）《中华人民共和国土地管理法》（以下简称《土地管理法》）

（3）《中华人民共和国水土保持法》（以下简称《水土保持法》）

（4）《中华人民共和国湿地保护法》（以下简称《湿地保护法》）

（5）《草原防火条例》

（6）《草原征占用审核审批管理办法》

（7）《草原征占用审核审批管理规范》

（8）《草原管理条例》

（9）《内蒙古自治区草原管理条例实施细则》

（10）《内蒙古自治区基本草原保护条例》

（11）《内蒙古自治区森林草原防火条例》

（12）《内蒙古自治区草畜平衡和禁牧休牧条例》

（13）《内蒙古自治区草原植被恢复费征收使用管理办法》

（14）《内蒙古自治区林业和草原行政处罚裁量标准》

（15）《内蒙古自治区征占用草原审核审批程序规定》

（16）《内蒙古自治区草原征占用审核审批管理规定》

（17）《内蒙古自治区草原野生植物采集收购管理办法》

（18）《国务院办公厅关于加强草原保护修复的若干意见》（国办发〔2021〕7号）

（19）《内蒙古自治区人民政府办公厅关于加强草原保护修复的实施意见》（内政办发〔2021〕95号）

（20）《内蒙古自治区人民政府办公厅关于进一步加强草畜平衡和禁牧休牧工作指导意见》（内政办发〔2022〕64号）

（21）《党政领导干部生态环境损害责任追究办法（试行）》

（22）《党政领导干部生态环境损害责任追究实施细则（试行）》

（23）《自治区生态环境保护督察工作实施办法》

（24）《生态环境保护专项督察实施办法》

（25）《内蒙古自治区建设我国北方重要生态安全屏障促进条例》

（26）《内蒙古自治区构筑我国北方重要生态安全屏障规划（2021—2035年）》

四、术语定义

下列术语和定义适用于《草原生态类督察工作技术指南》。

（1）草原：也称草地，是指具有草原生态功能和适用于畜牧业生产的天然草原和人工草地。天然草原包括草地、草山和草坡；人工草地包括改良草地和退耕还草地，不包括城镇草地。

（2）基本草原：依法确定实行特殊保护的具有草原生态功能和适用于畜牧业生产的天然草原和人工草地。

（3）草原退化：天然草原在不利自然因素或人为活动下，草原植物群落组成发生改变、草原生产能力和生态质量下降、利用价值和生态服务价值降低、生境恶化的过程。

（4）草畜平衡：为保持草原生态系统良性循环，在一定时间内，草原使用者或承包经营者，通过草原和其他途径获取的可利用饲草饲料总量与其饲养的牲畜所需的饲草饲料量保持动态平衡。

（5）羊单位：用以衡量草畜平衡的牲畜计算单位，1只羊等于1个羊单位，1头牛等于5个羊单位，1匹马等于6个羊单位，1头驴等于3个羊单位，1匹骡等于5个羊单位，1峰驼等于7个羊单位。

（6）草原权属：集体所有草原以嘎查村为单位划定，国家所有草原以使用权单位为单位划定。

五、督察对象与责任划分

（一）督察对象

依据《草原法》《草原防火条例》《草原管理条例》《内蒙古自治区基本草原保护条例》《内蒙古自治区森林草原防火条例》《内蒙古自治区草畜平衡和禁牧休牧条例》《党政领导干部生态环境损害责任追究办法（试行）》《党政领导干部生态环境损害责任追究实施细则（试行）》等规定，草地可持续利用及生态环境保护工作涉及主体包括各级党委及政府、草原行政主管部门、其他有关部门、有关企业（涉及央企、国企）4类。为此，草原生态环境保护督察的督察对象为各级党委、人民政府，及相关部门机构。

参照中央生态环境保护督察开展模式，按照督察对象不同，自治区级草原生态环境保护督察类型分为以下4类：

（1）对各市（盟）开展生态环境保护督察；

（2）对自治区草原保护有关部门开展生态环境保护督察；

（3）对自治区重点草原国有企业开展生态环境保护督察；

（4）区域性草原专项督察。

（二）责任划分

根据不同部门的职责分工，具体问题按其性质不同对应不同的责任部门，草原生态环境保护督察对象的主要职责见表 1。

表 1　草原生态环境保护督察对象的主要职责

序号	督察对象	主要职责	有关依据
1	各级党委	（1）将草原保护和建设工作列入重要议事日程。 （2）草原承包经营、基本草原保护、草畜平衡和禁牧休牧等制度落实情况纳入地方各级人民政府年度目标考核，细化考核指标。 （3）林长制督导考核纳入各级党委和政府考核范围，建立健全林长制考核评价制度和考核指标体系，考核结果作为地方有关党政领导干部综合考核评价和自然资源资产离任审计的重要依据。 （4）森林草原防火工作纳入各级人民政府年度考核体系	《关于加强草原保护和建设的决定》（内党发〔1999〕5 号） 《内蒙古自治区人民政府办公厅关于加强草原保护修复的实施意见》（内政办发〔2021〕95 号） 《内蒙古自治区党委办公厅、自治区人民政府办公厅印发〈关于全面推行林长制的实施意见〉》 《关于全面加强新形势下森林草原防灭火工作的意见》 《内蒙古自治区森林草原防火条例》
2	各级人民政府	自治区人民政府： （1）制定草原承包经营权流转具体办法。 （2）划定全区禁牧区及草畜平衡调整办法。 （3）统筹全区草畜平衡和禁牧休牧工作。 （4）建立草原自然保护区。 （5）制定未落实草畜平衡和禁牧制度处罚办法	《草原法》 《草原防火条例》 《草原管理条例》 《内蒙古自治区草畜平衡和禁牧休牧条例》 《内蒙古自治区森林草原防火条例》
		自治区、市（盟）、县（旗）： （1）将草原的保护、建设和利用纳入国民经济和社会发展计划。 （2）登记核发所有权证、草原使用权证，确认所有权、草原使用权。对未确定使用权的国家所有的草原登记造册，并负责保护管理。 （3）在本级国民经济和社会发展计划中安排资金用于草原改良、人工种草和草种生产。 （4）对退化、沙化、盐碱化、石漠化和水土流失的草原，划定治理区，组织专项治理。 （5）做好草原鼠害、病虫害和毒害草防治的组织管理工作。	《草原法》 《草原管理条例》 《内蒙古自治区草畜平衡和禁牧休牧条例》

续表

<table>
<tr><th>序号</th><th>督察对象</th><th>主要职责</th><th>有关依据</th></tr>
<tr><td rowspan="3">2</td><td rowspan="3">各级人民政府</td><td>（6）责令限期改正未经批准擅自改变草原保护、建设、利用规划；对直接负责的主管人员和其他直接责任人员，依法给予行政处分。
（7）采取资金补助、技术扶持等措施，建立基本草原长效生态补偿机制和多渠道增加基本草原建设投入机制</td><td rowspan="2">《内蒙古自治区基本草原保护条例》
《内蒙古自治区草畜平衡和禁牧休牧条例》</td></tr>
<tr><td>县（旗）级人民政府：
（1）负责基本草原划定工作，建立档案，绘制基本草原分布图，设立保护标志。
（2）集体所有的草原，由县（旗）级人民政府登记，核发草原所有权证，确认所有权。
（3）在每年牧草返青期组织实行休牧。
（4）具体负责本行政区域内草畜平衡和禁牧休牧工作。
（5）核定并公布本行政区域的具体适宜载畜量</td></tr>
<tr><td>乡镇级人民政府：
（1）负责对本行政区域内基本草原保护的监督检查。
（2）具体组织实施本辖区内草畜平衡和禁牧休牧工作。
（3）配备专职或者兼职草原管护员，划定管护责任区，实行网格化管理。
（4）履行日常监管职能，对违反有关规定的予以处罚</td><td>《草原法》
《内蒙古自治区基本草原保护条例》
《内蒙古自治区草畜平衡和禁牧休牧条例》</td></tr>
<tr><td>3</td><td>草原行政主管部门</td><td>自治区草原行政主管部门：
（1）对矿藏开采和工程建设确需征收、征用或者使用草原的进行审核。
（2）负责本行政区域内草畜平衡和禁牧休牧监督检查、业务指导以及核定适宜载畜量等工作，会同农牧部门确定草原生态保护补助奖励标准、办法。
（3）划定基本草原技术规范。
（4）定期公布不同类型草原的适宜载畜量</td><td>《草原法》
《内蒙古自治区基本草原保护条例》
《内蒙古自治区草畜平衡和禁牧休牧条例》</td></tr>
</table>

续表

序号	督察对象	主要职责	有关依据
3	草原行政主管部门	自治区、市（盟）、县（旗）草原行政主管部门： （1）核实登记在国务院批准规划范围内实施退耕还草完成情况，依法履行土地用途变更手续，发放草原权属证书。 （2）会同同级有关部门定期进行草原调查，根据草原调查结果、草原的质量，依据草原等级评定标准，对草原进行评级。 （3）和同级统计部门共同制定草原统计调查办法，依法对草原的面积、等级、产草量、载畜量等进行统计，定期发布草原统计资料。 （4）对草原的面积、等级、植被构成、生产能力、自然灾害、生物灾害等基本状况实行动态监测，及时为本级政府和有关部门提供动态监测和预警信息服务。 （5）核定草原承包经营者合理利用的草原载畜量。 （6）对割草场和野生草种基地应当规定合理的割草期、采种期以及留茬高度和采割强度。 （7）在基本草原上进行勘探、钻井、修筑地上地下工程、采土、采砂、采石、开采矿产资源等作业活动临时占用基本草原不足 2 hm^2 的，由县（旗）级人民政府草原行政主管部门审核同意；2 hm^2 以上不足 30 hm^2 的，由盟行政公署、设区的市人民政府草原行政主管部门审核同意；30 hm^2 以上的，由自治区人民政府草原行政主管部门审核同意。 （8）批准在草原上修建直接为草原保护和畜牧业生产服务的工程设施。 （9）批准在草原上从事采土、采砂、采石等作业活动。	《草原法》 《内蒙古自治区基本草原保护条例》 《内蒙古自治区草畜平衡和禁牧休牧条例》

续表

序号	督察对象	主要职责	有关依据
3	草原行政主管部门	（10）审核草原经营性旅游活动，对旅游经营者落实基本草原保护责任的情况进行经常监督。 （11）定期核定草原载畜量。应当采取有效措施，防止超载过牧。 （12）加强草原鼠害、病虫害和毒害草监测预警、调查以及防治工作，组织研究和推广综合防治的办法。 （13）设立、公布违反草畜平衡和禁牧休牧制度规定的投诉举报电话、信箱，及时核实处理违法行为。 （14）规范打草场管理，对割草期、采种期、留茬高度、采割强度、轮割轮采、预留草籽带等做出明确规定，加强监督检查	《草原法》 《内蒙古自治区基本草原保护条例》 《内蒙古自治区草畜平衡和禁牧休牧条例》
		县（旗）级草原行政主管部门： （1）会同同级有关部门负责基本草原划定的具体工作。 （2）批准在基本草原上的行驶区域、路线	《内蒙古自治区基本草原保护条例》
4	其他有关部门	（1）农牧部门负责建立草原生态保护补助奖励资金发放台账，推进草原畜牧业转型升级和后续产业发展。 （2）财政部门负责加强草原生态保护补助奖励资金管理，保证按时准确发放到位。国有企事业单位林长负责本单位经营区域内的森林草原湿地资源保护发展工作。 （3）生态环境主管部门会同同级草原行政主管部门对基本草原环境质量和污染状况进行跟踪监测，定期向本级人民政府提交环境质量与变化趋势的报告	《内蒙古自治区基本草原保护条例》 《内蒙古自治区草畜平衡和禁牧休牧条例》 《关于全面加强新形势下森林草原防灭火工作的意见》
5	有关企业	（1）进行矿藏开采和工程建设，应当不占或者少占草原；确需征收、征用或者使用草原的，必须经省级以上人民政府草原行政主管部门审核同意后，根据有关土地管理的法律、行政法规办理建设用地审批手续。	《草原法》 《内蒙古自治区基本草原保护条例》

续表

序号	督察对象	主要职责	有关依据
5	有关企业	（2）在草原上从事采土、采砂、采石等作业活动，应当报县级人民政府草原行政主管部门批准；经批准在草原上进行采土、采砂、采石等作业活动或采矿，应当在规定的时间、区域内，按照准许的采挖方式作业，并采取保护草原植被的措施。 （3）经营草原的单位和个人，应当履行保护、建设和按照承包合同约定的用途合理利用草原的义务	《草原法》 《内蒙古自治区基本草原保护条例》

六、督察方式

（一）督察流程

草原生态环境保护督察流程为“分析线索（群众信访举报线索、前期摸排的线索资料）—现场核查（判断草原退化情况，明确草原退化成因）—危害分析（分析草原破坏面积、程度，是否为环保督察整改事项）—调阅文件资料（根据草原退化成因判断，向有关部门、单位调阅材料，核查有关部门、单位责任落实情况）—厘清责任（对照督察对象的职责分工，以及各事项的责任主体与监管部门，明确问题责任部门和责任人，形成问题和责任清单）—形成报告（全面梳理督察工作安排、工作方法、发现的主要问题和责任分析，撰写督察报告和形成问题清单），督察技术路线见图 1，主要步骤如下。

1. 形成问题清单

参考历年全国草原监测报告、内蒙古自治区草原例行监测信息，生态环境部卫星遥感图像，结合媒体曝光、群众举报、日常监督和暗查暗访发现的草原破坏问题线索，提取疑似草原破坏问题图斑和线索，形成草原生态环境保护督察问题清单。

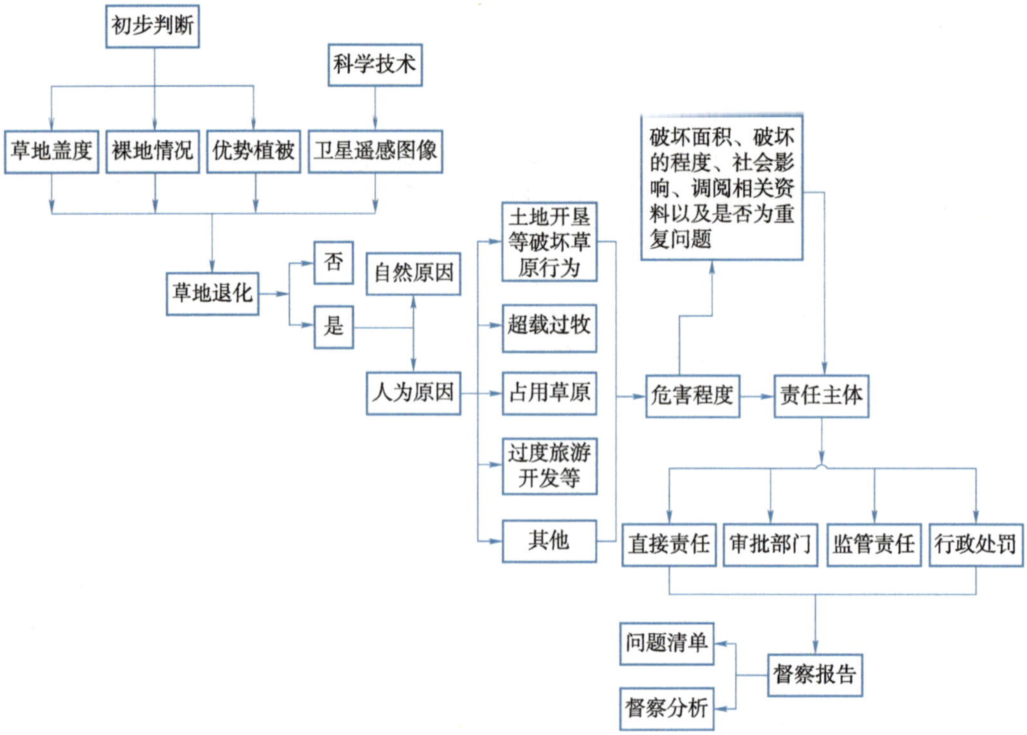

图1　督察技术路线

2. 调阅文件资料

调阅与草原生态环境保护督察事项密切相关的文件资料，主要包括：

（1）各级政府、各部门制定出台的与草原利用和保护相关的政策文件、工作方案等；

（2）与草原生态环境保护督察事项相关的党委（党组）会议、政府（办公）会议、专题会议纪要或记录；

（3）草原生态环境审批、监测、执法等相关数据、资料；

（4）与草原生态环境保护督察事项相关的其他资料。

3. 开展现场核查

组织开展疑似草原破坏问题核实，核实方法主要包括：

（1）调取书证。书证要与草原破坏问题直接相关，能够起到支撑性、基础性、关键性证据作用。

（2）询问取证。对与草原破坏直接相关的责任部门及其相关人员进行谈话询问，整理撰写调查询问笔录。

（3）现场勘察取证。对重要情况和问题线索，根据需要进行现场勘察取证，必要时撰写现场检查（勘察）笔录，并留存相关影像资料。

（4）调阅有关资料。根据督察需要，可以要求相关地方、部门（单位）和个人就有关情况和问题提供书面说明文件。

4. 形成责任清单

对照督察对象中各级党委、人民政府及相关企业职责分工，结合访谈、问询等手段，逐项明确每个问题的责任政府和责任人，最后按照部门分类汇总具体问题和责任，形成生态环境损害责任追究问题清单及配套案卷。

5. 撰写督察报告

督察组梳理分析督察总体情况，组织撰写督察报告。督察报告应客观准确、重点突出、言简意赅，一般包括基本情况、主要问题、原因分析、意见建议等内容。

（二）督察方法

1. 天地监测结合

利用全球定位系统（GPS）和遥感信息系统（RS）、地理信息系统（GIS）、数据库等信息化技术，天地结合（遥感与地面调查相结合）的手段，客观、规范、快速、全覆盖地获取草原资源实体分布、数量、质量、生态及利用状况等信息，准确判断草原退化状况，大致厘清草原退化成因，为进一步厘清草原生态环境保护责任，科学开展草原生态环境保护督察提供数据支撑。

2. 资料与现场结合

在督察过程中，可对前期摸排的线索资料、群众信访举报线索进行深入分析，提前查看国家森林资源智慧管理平台、国家林业和草原科学数据中心等平台数据，对具体草原的情况有基本了解，到达现场后可对照分析资料进行现场核实，现场勘察破坏草原的原因。

3. 明查与暗访结合

督察进驻前期以暗查暗访为主，查找问题，核查情况，后期以明查核实为主，查清事实，分析原因，分清责任。

七、督察内容与检查要点

（一）督察内容

根据科学研究总结归纳，不当利用草原的情形主要有非法开垦草原、非法征收征用使用草原、非法临时占用草原、违反草原禁牧休牧规定、违反草畜平衡规定、非法采集草原野生植物、买卖或者非法流转草原、违反草原防火法规、其他违反草原法律法规的行为等。

对第一轮、第二轮中央生态环境保护督察指出内蒙古、宁夏、新疆、西藏、青海、甘肃、黑龙江、吉林、辽宁、陕西、四川、云南、广东 13 个省（区）及中国黄金集团有限公司存在的草原保护问题进行梳理分析，主要有导致草原退化（如沙化、盐渍化等）的破坏草原、占用草原、开垦草原、超载过牧等情形。

草原生态环境保护督察要厘清导致草原退化（如沙化、盐渍化等）背后的决策和管理责任，包括各级党委及政府、草原行政主管部门、其他有关部门、有关企业对党中央、国务院、自治区党委及政府关于草原利用保护的决策部署执行情况；对草原保护利用法律法规、技术标准规范的执行情况；草原保护利用工作责任制落实情况；破坏草原案件查处进展情况；草原植被恢复工作开展情况等，草原生态环境保护督察涉及的主要情形见表 2。

表 2　草原生态环境保护督察涉及的主要情形

序号	督察事项	具体情形	责任部门
1	决策部署	对党中央、国务院、自治区党委及政府关于草原利用保护的决策部署执行情况； 将草原保护利用纳入重要议事日程、建立考核体系、开展表彰奖励	各级党委
2	制度建设	划定基本草原，制定禁牧区划定办法，制定草畜平衡处罚办法，制定草原流转制度，组织草原建设，组织实行休牧，组织退化、沙化、盐碱化、石漠化和水土流失的草原专项治理，草原鼠害、病虫害和毒害草防治的组织管理	县（旗）级以上人民政府
3	日常管理	审核开矿及工程征用草原、审核临时占用草原、批准并监督旅游活动、批准草原行驶路线、审核采土采砂采石、定期草原调查、草原评定等级、草原基本状况实行动态监测、核定实际载畜量等	县（旗）级以下人民政府、草原行政主管部门
4		禁止开垦草原；禁止在荒漠、半荒漠和严重退化、沙化、盐碱化、石漠化、水土流失的草原以及生态脆弱区的草原上采挖植物和从事破坏草原植被的其他活动；在草原上开展经营性旅游活动，应符合有关草原保护、建设、利用规划，并不得侵犯草原所有者、使用者和承包经营者的合法权益，不得破坏草原植被；在草原防火期内，在草原上进行爆破、勘察和施工等活动的，应经县级以上地方人民政府草原防火主管部门批准，并采取防火措施，防止失火；经批准在草原上从事采土、采砂、采石等作业活动或采矿等活动，应在规定的时间、区域内，按照准许的采挖方式作业，并采取保护草原植被的措施	有关企业（单位）

（二）检查要点

草原现场检查步骤：一是判断草原破坏（含超载过牧）导致的草原退化程度；二是采用走访问询、实地勘察，辅助实验分析、专家论证等方式明确草原退化成因，包括破坏草原、开发草原、占用草原、开垦草原、超载过牧及其他原因造成的草原破坏；三是根据草原退化成因，有针对性地调阅有关资料，以便明确草原退化责任。

1. 草原退化程度判断

内蒙古草原自东向西依次分布着温性草甸草原、温性典型草原、温性荒漠草原、温性草原化荒漠和温性荒漠五大地带性草原类型，占全区草原总面积的 89%。此外，内蒙古草原隐域分布着山地草甸、低平地草甸和沼泽 3 类非地带性植被。为降低现场判断难度，草原退化程度以现行地方标准《草原退化分级指标》（DB15/T 2384—2021）为主要依据，并参考现行国家标准《天然草地退化、沙化、盐渍化的分级指标》（GB 19377—2003）关于天然草原退化、沙化、盐渍化的分级指标判断（表 3、表 4）。

表 3　不同类型草原分类退化分级指标及权重

指标		温性草甸草原	温性典型草原	温性荒漠草原	温性草原化荒漠	温性荒漠	山地草甸	低平地草甸	权重
x_1	植被产量 /（g/m^2）	300	200	150	100	60	400	400	0.3
x_2	植被总盖度 /%	80	60	40	30	20	90	90	0.4
x_3	裸地面积 /%	10	30	40	50	80	10	10	0.3
S	$S=0.3\times\frac{x_1}{a_1}+0.4\times\frac{x_2}{a_2}+0.3\times\frac{100-x_3}{100-a_3}$								

注：草原退化程度评价综合指数（S）计算，通过除以参照值（用 a 表示）来进行数据标准化，商值大于 1 时，最大值为 100%。

表 4　草地退化程度判断

退化分级	S	指示植物
未退化	0.8～1.0	无
轻度退化	0.5～0.8	出现各种退化指示植物
中度退化	0.3～0.5	各种退化指示植物产量占草地总产量的 15%～40%
重度退化	0.1～0.3	各种退化指示植物产量占草地总产量的 40% 以上

注：在草地退化判定出现各项指标不一致时，采取以下判定规则：轻度退化、中度退化草地以草原退化程度评价综合指数（S）作为判定的主要依据；重度退化草地以退化指示植物产量占草地总产量的百分比作为判定的主要依据。

未退化草地以监测点附近相同水热条件草地自然保护区中合理利用示范区相同草地类型的植被特征与地表、土壤状况为基准。监测点附近没有草地自然保护区，或草地自然保护区没有与需要评定是否退化的相同草地类型时，以20世纪80年代初期、中期全国首次统一草地资源调查所获被监测地区相同草地类型中的未退化草地的植被特征与地表、土壤状况为基准。

对草地退化程度的判断，除采用地面监测方法进行诊断判定以外，还可利用不同时期遥感影像评价草原退化趋势和人类活动影响，具体依据现行行业标准《草原资源与生态监测技术规程》（NY/T 1233—2006）的相关要求执行。

2. 现场检查要点

现场勘察明确草地退化成因，必要时制作现场检查（勘察）笔录，并留存相关影像资料。

（1）破坏草原情形

现场检查情形：开采矿山、私挖滥采、用作鱼塘、挖沟渠、排渣场、粪污污染等（图2）。

（a）开采矿山

（b）私挖滥采

（c）用作鱼塘

（d）挖沟渠

（e）排渣场

（f）粪污污染

图 2　破坏草原情形

（2）开发草原情形

现场检查情形：建设草原高尔夫球场、草原旅游、草原养殖场、草原工业园区等（图 3）。

（a）草原高尔夫球场

（b）草原旅游

（c）草原养殖场

（d）草原工业园区

图 3　开发草原情形

（3）占用草原情形

现场检查情形：粪污渗坑、排土场、工业废渣倾倒、高压电基座、风力发电、光伏发电、建造坟墓、堆放垃圾、其他占用草原行为等（图 4）。

（a）粪污渗坑

（b）排土场

（c）工业废渣倾倒

（d）高压电基座

（e）风力发电

（f）光伏发电

（g）建造坟墓

（h）堆放垃圾

图 4　占用草原情形

（4）开垦草原情形

现场核查情形：未经批准私开滥垦；非法开垦草原实施草原建设项目；未经批准开垦承包的草原种植饲草料（图 5）。

私开滥垦

开垦草原

图 5　开垦草原情形

（5）超载过牧情形

现场核查情形：县（旗）级草原行政主管部门核定本区域的适宜载畜量，在草畜平衡区每年牧草返青期有 45 天以上的休牧期，不得在休牧期内放牧。休牧期以外的其他时期，放牧牲畜数量不能超过草原适宜载畜量，超过核定适宜载畜量放牧的，由苏木乡镇人民政府或街道办事处责令限期改正；逾期不改正的，处每个超载羊单位 100 元的罚款。

根据《内蒙古自治区草畜平衡和禁牧休牧条例》的规定，重度退化沙化草原，不适宜放牧利用的中度退化、沙化草原，自然保护区和重要湿地草原以及其他需要禁牧的草原应划为禁牧区，不得在禁牧区放牧。在禁牧区或休牧期放牧的，由苏木乡镇人民政府或者街道办事处责令改正，处每个违法放牧羊单位 120 元的罚款（图 6）。

（a）草原过度放牧

（b）禁牧区

图 6　超载过牧情形

（6）其他破坏草原

现场检查情形：毁坏草原保护设施；发生重大草原火灾、重大草原生物灾害、草原沙化造成草原面积减少、草原资源遭到严重破坏；草原法律法规宣传、贯彻和落实不够等（图 7）。

（a）草原火灾

（b）草原沙化

图 7　其他破坏草原情形

3. 材料调阅

根据现场核查的结果，需进一步调阅有关资料探明草原退化成因，进而确定草原退化责任主体，可以要求有关地方、部门（单位）和个人就有关情况和问题提供书面说明。首先由被核查主体（单位、个人）提供被调阅的有关资料，在被核查主体无法提供时，再联系有关部门调阅相关资料，资料调阅主要包括以下几个方面：

（1）核查草原所有权和使用权

内蒙古自治区行政区域内的草原，属于国家所有和集体所有，县（旗）级以上人民政府已经批准划拨给国有企业、事业单位和用于军事用地的草原属于国家所有；牧区、农村集体经济组织使用的草原属于集体所有，依法使用国家所有的草原除外。

1）核查依据。

《草原法》《草原管理条例》

2）核查内容。

①草原区域坐标图、矢量数据坐标图（使用 2000 国家大地坐标系）。

②草原所有权和使用权核发资料，草原使用证、草原所有证及改变草原权属变更登记手续等相关资料。

③确认草原使用权归属及草原用途，并向草原使用权人了解草原退化发生时间、原因等。

3）联系部门。

所有权单位出具草原权属证明：国有草原权属证明由县（旗）级人民政府出具，承包到户的草原由草原承包经营者出具，未承包到户的草原由嘎查村或苏木乡镇出具。其他资料由县（旗）级人民政府提供。

（2）核查基本草原保护情况

基本草原包括①对调节气候、涵养水源、保持水土、防风固沙具有特殊生态功能的草原；②重要放牧场、打草场；③用于畜牧业生产的人工草地、饲草饲料地、退耕还草地，以及改良草地、草种基地；④国家和内蒙古自治区重点保护野生动植物生存环境的草原；⑤草原科研、教学试验基地；⑥国家和内蒙古自治区规定应当划为基本草原的其他草原。

在基本草原上禁止实施的行为包括①开垦基本草原；②擅自改变基本

草原用途；③毁坏围栏、人畜饮水设施等草原建设保护设施；④擅自钻井提取工业用水；⑤挖鱼塘、挖沟渠、铲草皮、挖草炭等破坏草原植被；⑥建造坟墓；⑦违反环境保护相关法律法规倾倒排放固体、液体、气体废物和生活垃圾或造成环境噪声污染、粉尘污染、放射性污染、电磁波辐射污染；⑧其他破坏基本草原的行为。

《国务院关于推动内蒙古高质量发展奋力书写中国式现代化新篇章的意见》（国发〔2023〕16号）提出，严格落实国土空间规划、用途管制和生态环境分区管控要求，做好能源资源基地、国家规划矿区、重点勘查开采区与生态保护红线、自然保护地的衔接，基本草原内允许新设经依法依规批准的国家重大矿产资源勘探开发项目。

1）核查依据。

《草原法》《草原管理条例》《内蒙古自治区基本草原保护条例》《内蒙古自治区基本草原划定和调整工作方案》（内政办字〔2022〕39号）。

2）核查内容。

①核实草原是否为基本草原：基本草原划定工作有关资料；基本草原档案、基本草原分布图。

②基本草原保护工作开展情况：基本草原保护规划及其调整或修改审批材料；基本草原保护工作经费；基本草原建设投入机制；基本草原保护管理工作年度目标责任考核情况；基本草原保护监督检查制度及执行情况。

3）联系部门。

县（旗）级人民政府、县（旗）级以上人民政府和草原行政主管部门。

（3）判断是否超过草原适宜载畜量

1）核查依据。

《草原管理条例》《内蒙古自治区草原管理条例实施细则》《内蒙古自治区草畜平衡和禁牧休牧条例》《内蒙古自治区草畜平衡暂行规定》。

2）核查内容。

①禁牧区划定及执行情况：禁牧区每5年划定1次，禁牧区划定范围

为重度退化、沙化草原，不适宜放牧利用的中度退化、沙化草原，自然保护区和重要湿地草原，其他需要禁牧的草原。县（旗）级人民政府公布实施禁牧休牧的范围、休牧时限等，并在显著位置设立相关标志。

②休牧实行情况：县（旗）级人民政府应当根据当地气候条件和牧草生长规律，在每年牧草返青期组织实行休牧，休牧期不得少于 45 天。

③适宜载畜量执行情况：县（旗）级以上人民政府草原行政主管部门负责本行政区域内的草畜平衡和禁牧休牧监督检查、业务指导以及核定适宜载畜量等工作；内蒙古自治区人民政府草原行政主管部门会同农牧部门，根据不同草原类型特点、健康状况及气候因素等，依据国家有关标准，定期公布不同类型草原的适宜载畜量。县（旗）级人民政府根据内蒙古自治区公布的适宜载畜量，结合当地实际，核定并公布本行政区域的具体适宜载畜量。具体适宜载畜量应逐户落实到草原使用者、草原承包经营者。

④确定适宜载畜量数据获得情况：县（旗）级以上人民政府草原行政主管部门应当对草原面积、等级、植被构成、生产能力、生物灾害等草原基本状况实行动态监测；每年对牧草返青、牧草长势、盛草期进行定期监测；对草原保护制度、保护措施实施效果进行监测与评价，及时为本级政府和有关部门提供动态监测和预警信息服务，为开展草畜平衡和禁牧休牧轮牧工作提供依据。

⑤草畜平衡应核定下列事项：

a. 天然草原的类型、等级、面积、产草量。

b. 人工草地、饲草料地的面积、饲草料产量。

c. 有稳定来源的其他饲草料量。

d. 根据可食饲草料总量计算的适宜载畜量。

e. 实际饲养牲畜的种类和数量。

f. 天然草原保护、建设、利用情况和退化现状。

⑥目标责任考核建立情况：建立自治区、市（盟）、县（旗）、苏木乡镇、嘎查村五级林（草）长制责任体系，明确工作责任。各级人民政府应

将草畜平衡和禁牧休牧制度落实工作纳入年度目标考核，细化考核指标。

⑦禁休牧及草畜平衡制度监督检查开展情况：苏木乡镇人民政府对本行政区域内基本草原上超过核定的载畜量放牧处罚情况。

⑧联系部门。

本行政区域草原适宜载畜量由县（旗）级以上畜牧行政主管部门提供；禁牧范围、休牧日期划定及执行情况由县（旗）级人民政府提供；违反草畜平衡、禁休牧规定处罚情况由苏木乡镇人民政府或街道办事处提供。

（4）核查草原征（占）用手续办理情况

草原征（占）用审批要件包括申请单位草原征（占）用申请资料；县（旗）草原行政主管部门对申请材料的初审意见；市（盟）草原行政主管部门对申请材料的复审意见及内蒙古自治区林业草原局对申请材料等的审核决定；内蒙古自治区项目批准文件或占用草原情况说明；生态环境部门对项目建设环境影响报告书的批复；与草原所有者、使用权者或承包经营户签订的草原补偿费和安置补助费等协议；草原权属证明材料；申请单位对建设项目的说明；草原植被恢复方案；征（占）用草原的区域坐标图等。

《中华人民共和国湿地保护法》（以下简称《湿地保护法》）明确了禁止、审批和鼓励湿地生态保护行为，其中，建设项目规划选址、选线审批或核准时，涉及国家重要湿地的，应征求国务院草原行政主管部门的意见；涉及省级重要湿地或一般湿地的，应按照管理权限，征求县级以上地方人民政府授权部门的意见。

1）核查依据。

《湿地保护法》《内蒙古自治区草原征占用审核审批管理规定》《内蒙古自治区征占用草原审核审批程序规定》《内蒙古自治区草原植被恢复费征收使用管理办法》。

2）核查内容。

①征（占）用草原项目的基本情况。

②征（占）用草原的面积、用途、权属、补偿情况。

③征（占）用草原项目涉及生态保护红线、各类自然保护地、基本草原、珍稀濒危野生动植物栖息地或分布区域，有关主管部门的审批资料。

④项目动工建设情况；违法用地及查处情况等。

⑤征收、征用或使用草原申请及分级审批情况。

⑥建设用地审批手续。

⑦草原植被恢复方案。

3）联系部门。

草原征（占）用手续办理资料及电子档案由县（旗）级以上人民政府草原行政主管部门提供，对下放到苏木乡镇和街道的草原征占用行政审批工作资料由县（旗）草原行政主管部门提供。

（5）核查开采矿山审批手续、办理程序及要件

1）核查依据。

《内蒙古自治区矿产资源总体规划（2021—2025年）》《内蒙古自治区矿产资源管理条例》《矿产资源勘查登记管理规定》《矿产资源开采登记管理规定（试行）》。

2）核查内容。

核查矿山开采审批、采矿权手续，年检情况。重点核查以下内容：

①是否正确履行分级审批权限。

②开采储量规模为大中型的，需提供环境影响评价报告及生态环境主管部门的审批意见；开采储量规模为小型或零星分散的，需提供环境影响登记表。

③属于采矿权延续的，需核查矿产资源开发利用报告，包括矿山基本情况（生产规模、产量、产值、利税等）、资源的消耗情况及利用水平（“三率”[①]指标）、开发方案的执行情况、开发利用中存在的主要问题等。

④提供有效期内的勘探许可证或采矿许可证。

---

① “三率”是指矿产资源开采率、选矿加工率、综合利用率。

⑤林草主管部门分级审批资料。

3）联系部门。

自然资源部出让登记权限以外的战略性矿产的矿业权，出让登记资料由内蒙古自治区自然资源厅提供。

自然资源部和自然资源厅登记权限以外其他矿产的矿业权，出让登记资料由市（盟）自然资源局提供。

由草原行政主管部门提供林草主管部门审批资料。

（6）光伏发电、风力发电占用草原

新建、扩建光伏发电项目禁止使用基本草原。涉及占用基本草原外的草原，对不改变草原用途的光伏发电项目，按原地类认定，不需要办理草原转建设用地手续。允许用地单位与土地权利人以租赁等方式使用草原，双方签订补偿及租赁协议，报当地县（旗）级自然资源主管部门和林草主管部门备案。光伏发电项目配套设施用地，办理建设项目使用草原审核手续。光伏方阵用地要科学评估草原资源与生态状况，合理确定项目的适建区域、建设模式与建设要求。县（旗）级林草主管部门要重点指导建设单位规范相关作业施工，指导草地使用者科学编制光伏板下草原生态修复方案，确定光伏板下生态修复和管护措施。风电项目基座及新建配套道路等占用草原的，需办理征收、征用或使用草原审核手续。

1）核查依据。

《内蒙古自治区草原征占用审核审批管理规定》《自然资源部办公厅　国家林业和草原局办公室　国家能源局综合司关于支持光伏发电产业发展规范用地管理有关工作的通知》（自然资办发〔2023〕12号）《国家林业和草原局办公室关于支持光伏发电产业发展规范使用草原有关工作的通知》（办草字〔2023〕126号）。

2）核查内容。

①光伏发电项目占用草地审批资料；项目生态评估报告、生态修复和管护方案等。

②光伏发电项目配套设施用地使用草原审核手续。

③风电项目基座及新建配套道路等占用草原审批资料。

3）联系部门。

草原征占用手续办理资料及电子档案由县（旗）级以上草原行政主管部门提供，对下放到苏木乡镇和街道的草原征占用行政审批工作资料由县（旗）级草原行政主管部门提供。

（7）核查草原开垦审核情况

《草原法》规定非法开垦草原构成犯罪的，依法追究刑事责任。《草原管理条例》《内蒙古自治区基本草原保护条例》明确禁止非法开垦内蒙古自治区草原。《内蒙古自治区草原管理条例实施细则》规定禁止开垦草原，实施草原建设项目、建设旱作人工草地以及草原承包经营者建设小面积人工草地需要改变草原原生植被的，应当符合草原保护、建设、利用规划。

1）核查依据。

《草原法》《草原管理条例》《内蒙古自治区草原管理条例实施细则》《内蒙古自治区基本草原保护条例》《内蒙古自治区人民政府办公厅关于加强草原保护修复的实施意见》。

2）核查内容。

①草原保护、建设、利用规划及其调整或修改，以及逐级监督责任履行情况。

②调整国土规划确需开垦草原的报批资料。

3）联系部门。

县（旗）级以上畜牧行政主管部门和土地管理规划调整部门的审核意见，县（旗）级以上草原行政主管部门对开垦草原的监督管理资料，县（旗）级以上草原监督管理机构对非法开垦草原的执法资料。

（8）核查草原经营性旅游许可及执法监管

1）核查依据。

《草原法》《中华人民共和国旅游法》《草原征占用审核审批管理办

法》《内蒙古自治区基本草原保护条例》《内蒙古自治区草原管理条例实施细则》。

2）核查内容。

①草原保护、建设、利用规划。

②草原经营性旅游活动申请资料。

③草原经营性旅游活动分级审核资料。

④草原经营性旅游活动许可证。

⑤县（旗）级以上草原行政主管部门对在草原上开展经营性旅游活动造成破坏草原植被的执法情况。

3）联系部门。

县（旗）级以上草原行政主管部门。

（9）其他方面资料核查

1）核查依据。

《草原管理条例》《内蒙古自治区人民政府办公厅关于加强草原保护修复的实施意见》《内蒙古自治区草原野生植物采集收购管理办法》。

2）核查内容。

①林长制、草长制运行情况资料。

②草原上借场放牧、采集野生植物、勘探、施工、打井、开矿、采石、取砂、赶运牲畜等活动，县（旗）级以上畜牧行政主管部门核发的临时作业许可证。

③对其他破坏草原行为的执法情况。在草原上砍、挖、搂固沙植物和其他野生植物或采土执法情况资料。

④县（旗）级以上畜牧行政主管部门依法委托草原监理机构实施行政处罚情况。

各级人民政府应当按照草原保护、建设、利用规划，对退化、沙化、盐碱化、荒漠化和水土流失的草原，划定治理区，组织专项治理。牧区、半农半牧区的草原综合治理，列入内蒙古自治区国土整治计划。

3）联系部门。

各级党委和政府提供草长制有关材料，县（旗）级以上畜牧行政主管部门、草原行政主管部门提供许可审批材料，苏木乡镇人民政府提供执法监管材料。

八、草原督察常用数据平台

开展草原生态环境保护督察前，可通过相关官方管理工具、数据库提前熟悉和了解草原资源信息。

1. 国家森林资源智慧管理平台

http://www.stgz.org.cn/cas/login?service=http：//ly.stgz.org.cn/slzyyzt/login.do 查询林草资源分布（如面积、类型等情况）（图 8）。

图 8　国家森林资源智慧管理平台

2. 国家林业和草原科学数据中心

https://www.forestdata.cn/（图 9）。

3. 林草种子生产经营许可证查询

http://211.167.243.170/zhongmiao/public/page/Certificatequery（图 10）。

图 9　国家林业和草原科学数据中心

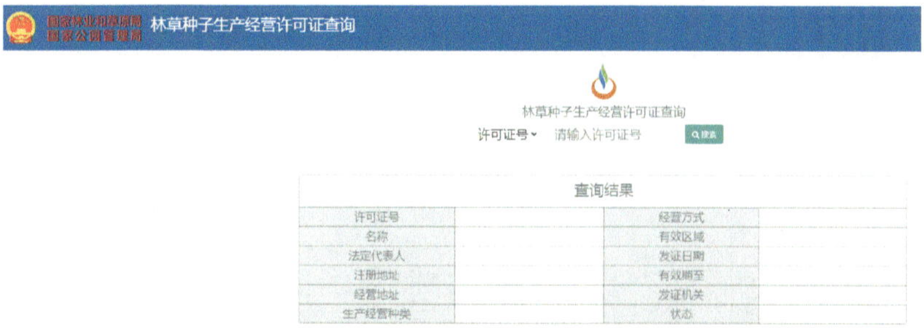

图 10　林草种子生产经营许可证查询

4. 全国森林草原火灾统计系统

http://slcyhztj.slcyfh.mem.gov.cn/firereport/Account/LogOn?returnUrl=%2Ffirereport（图 11）。

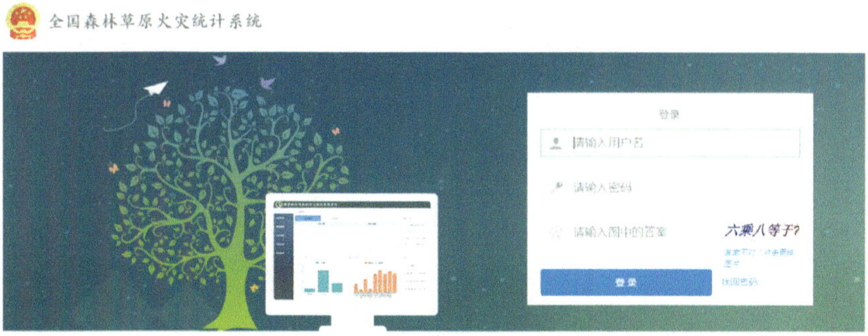

图 11　全国森林草原火灾统计系统

5. 全国草原火险区级别划分表

全国草原火险区级别划分见表 5。

表 5　全国草原火险区级别划分

单位：个

省（区）	市（地、州、盟）、县（旗、市、区）							
	极高火险区		高火险区		中火险区		低火险区	
	数量	名称	数量	名称	数量	名称	数量	名称
河北省	2	张家口市、承德市	3	保定市、石家庄市、秦皇岛市	3	邯郸市、邢台市、唐山市	3	廊坊市、沧州市、衡水市
	12	丰宁县、围场县、隆化县、滦平县、张北县、沽源县、康保县、尚义县、赤城县、崇礼县、兴隆县、宣化区	13	承德县、宽城县、平泉县、涿鹿县、怀来县、蔚县、涞水县、平山县、灵寿县、青龙县、万全县、怀安县、阳原县	8	阜平县、易县、赞皇县、抚宁县、遵化市、涉县、沙河市、涞源县	14	双滦区、鹰手营子区、下花园区、行唐县、井陉县、卢龙县、迁安市、迁西县、武安市、邢台县、唐县、顺平县、临城县、内丘县
山西省	2	忻州市、临汾市	2	大同市、长治市	4	晋中市、吕梁市、太原市、晋城市	3	阳泉市、朔州市、运城市
	8	沁县、五台县、繁峙县、灵丘县、阳曲县、安泽县、沁水县、右玉县	8	偏关县、岢岚县、代县、浑源县、古交市、垣曲县、离石区、应县	9	盂县、沁源县、原平市、榆社县、昔阳县、寿阳县、娄烦县、晋源区、乡宁县	11	武乡县、平顺县、神池县、宁武县、阳高县、天镇县、和顺县、灵石县、交口县兴县、泽州县
内蒙古自治区	5	呼伦贝尔市、锡林郭勒盟、兴安盟、通辽市、赤峰市	4	乌兰察布市、鄂尔多斯市、巴彦淖尔市、阿拉善盟	3	呼和浩特市、包头市、乌海市	—	—

续表

省（区）	市（地、州、盟）、县（旗、市、区）							
	极高火险区		高火险区		中火险区		低火险区	
	数量	名称	数量	名称	数量	名称	数量	名称
内蒙古自治区	42	东乌珠穆沁旗、西乌珠穆沁旗、乌拉盖管理区、阿巴嘎旗、锡林浩特市、陈巴尔虎旗、新巴尔虎右旗、新巴尔虎左旗、鄂温克族自治旗、海拉尔区、满洲里市、额尔古纳市、科尔沁右翼中旗、科尔沁右翼前旗、扎赉特旗、扎鲁特旗、霍林郭勒市、科尔沁左翼中旗、科尔沁左翼后旗、杭锦旗、鄂托克前旗、鄂托克旗、达尔罕茂明安联合旗、克什克腾旗、阿鲁科尔沁旗、巴林右旗、巴林左旗、四子王旗、察哈尔右翼中旗、察哈尔右翼后旗、察哈尔右翼前旗、敖汉旗、卓资县、商都县、正蓝旗、库伦旗、伊金霍洛旗、扎赉诺尔区、林西县、凉城县、兴和县、翁牛特旗	43	多伦县、太仆寺旗、镶黄旗、正镶白旗、苏尼特右旗、苏尼特左旗、二连浩特市、扎兰屯市、牙克石市、阿荣旗、莫力达瓦旗、突泉县、阿尔山市、开鲁县、奈曼旗、科尔沁区、乌拉特前旗、乌拉特中旗、乌拉特后旗、阿拉善右旗、阿拉善左旗、额济纳旗、达拉特旗、乌审旗、准格尔旗、固阳县、土默特右旗、清水河县、和林格尔县、土默特左旗、托克托县、武川县、松山区、鄂伦春旗、临河市、杭锦后旗、喀喇沁旗、化德县、根河市、乌兰浩特市、五原县、东胜区、丰镇市	18	磴口县、九原区、石拐区、昆都仑区、白云鄂博矿区、青山区、东河区、呼市新城区、赛罕区、玉泉区、回民区、海勃湾区、乌达区、海南区、元宝山区、红山区、宁城县、集宁区	—	—

续表

省（区）	市（地、州、盟）、县（旗、市、区）							
	极高火险区		高火险区		中火险区		低火险区	
	数量	名称	数量	名称	数量	名称	数量	名称
辽宁省	2	朝阳市、阜新市	2	葫芦岛市、锦州市	3	丹东市、鞍山市、抚顺市	7	沈阳市、营口市、本溪市、大连市、铁岭市、盘锦市、辽阳市
	9	建平县、北票市、朝阳县、彰武县、阜新蒙古族自治县、建昌县、义县、喀喇沁左翼蒙古族自治县、凌源县	5	连山区、绥中县、凌海市、凤城市、岫岩县	8	兴城市、北镇市、黑山县、宽甸县、清原县、康平县、盖州市、本溪县	26	双塔区、龙城区、清河门区、南票区、振安区、东海区、海城市、台安县、抚顺县、新宾县、新民县、法库县、辽中县、大石桥市、桓仁县、庄河市、瓦房店市、普兰店市、西丰县、昌图县、开原市、调兵山市、盘山市、大洼县、辽阳县、灯塔市
吉林省	3	白城市、松原市、延边州	2	通化市、白山市	4	四平市、辽源市、吉林市、长春市	—	—
	13	珲春市、通榆县、镇赉县、洮南市、大安市、乾安县、双辽市、前郭尔罗斯蒙古族自治县、长白县、长岭县、扶余县、洮北区、敦化市	13	宁江区、农安县、临江市、安图县、龙井市、集安市、和龙市、图们县、抚松县、浑江区、汪清县、辉南县、靖宇县	8	延吉县、通化县、梅河市、柳河县、东辽县、东丰县、江源县、伊通县	—	—
黑龙江省	3	大庆市、齐齐哈尔市、绥化市	3	佳木斯市、双鸭山市、鸡西市	1	哈尔滨市	2	鹤岗市、七台河市

续表

省（区）	市（地、州、盟）、县（旗、市、区）							
	极高火险区		高火险区		中火险区		低火险区	
	数量	名称	数量	名称	数量	名称	数量	名称
黑龙江省	15	杜尔伯特蒙古族自治县、林甸县、肇源县、肇州县、大同区、让湖路区、富裕县、龙江县、甘南县、泰来县、铁锋区、安达市、肇东市、青冈县、明水县	10	昂昂溪区、梅里斯区、讷河市、依安县、兰西县、富锦市、同江市、抚远县、宝清县、虎林市	12	萨尔图区、红岗区、富拉尔基区、克东县、克山县、海伦市、北林区、桦南县、饶河县、密山市、宾县、呼兰区	20	龙凤区、碾子山区、建华区、龙沙区、拜泉县、庆安县、绥棱县、望奎县、佳木斯市郊区、桦川县、汤原县、双城市、依兰县、五常市、方正县、友谊县、集贤县、绥滨县、萝北县、勃利县
山东省	1	东营市	1	滨州市	2	淄博市、临沂市	2	济宁市、泰安市
	4	河口区、垦利县、沾化县、桓台县	4	无棣县、利津县、平邑县、沂水县	7	广饶县、东营区、费县、沂南县、蒙阴县、苍山县、吕南县	12	微山县、邹城市、泗水县、临沭县、河东区、兰山区、罗庄区、泰山区、岱岳区、新泰市、肥城市、宁阳县
四川省	3	甘孜州、阿坝州、凉山州	1	攀枝花市				
	15	石渠县、色达县、理塘县、德格县、白玉县、红原县、若尔盖县、阿坝县、壤塘县、木里县、道孚县、松潘县、甘孜县、康定县、雅江县	11	盐源县、炉霍县、马尔康县、金川县、九寨沟县、新龙县、稻城县、九龙县、黑水县、小金县、会东县	16	巴塘县、乡城县、得荣县、丹巴县、泸定县、茂县、理县、汶川县、会理县、昭觉县、越西县、美姑县、普格县、布拖县、盐边县、仁和区	11	西昌市、德昌县、冕宁县、雷波县、喜德县、甘洛县、金阳县、宁南县、米易县、攀枝花市东区、攀枝花市西区

续表

省（区）	市（地、州、盟）、县（旗、市、区）							
	极高火险区		高火险区		中火险区		低火险区	
	数量	名称	数量	名称	数量	名称	数量	名称
西藏自治区	2	昌都市、那曲地区	3	日喀则市、山南地区、林芝市	2	拉萨市、阿里地区	—	—
	18	类乌齐县、卡若区、江达县、聂荣县、比如县、巴青县、亚东县、聂拉木县、错那县、洛扎县、当雄县、札达县、工布江达县、嘉黎县、吉隆县、定结县、加查县、墨竹工卡县	14	贡觉县、八宿县、丁青县、索县、班戈县、措美县、林周县、普兰县、察雅县、隆子县、察隅县、米林县、墨脱县、朗县	16	左贡县、芒康县、洛隆县、措勤县、巴宜区、波密县、申扎县、那曲县、安多县、昂仁县、谢通门县、浪卡子县、尼木县、日土县、改则县、革吉县	26	边坝县、尼玛县、双湖区、桑珠孜区、南木林县、江孜县、定日县、萨迦县、拉孜县、白朗县、仁布县、康马县、仲巴县、萨嘎县、岗巴县、乃东县、扎囊县、贡嘎县、桑日县、琼结县、曲松县、曲水县、堆龙德庆县、达孜县、拉萨城关区、噶尔县
陕西省	2	榆林市、延安市	—	—	1	安康市	2	宝鸡市、商洛市
	7	定边县、靖边县、神木县、榆阳区、吴旗县、志丹县、府谷县	10	宝塔区、富县、安塞县、洛南县、山阳县、旬阳县、横山县、黄龙县、宜川县、子长县	7	陇县、千阳县、宁强县、略阳县、汉滨区、清涧县、甘泉县	7	洛川县、商州区、镇巴县、紫阳县、宁陕县、平利县、黄陵县

续表

省（区）	市（地、州、盟）、县（旗、市、区）							
	极高火险区		高火险区		中火险区		低火险区	
	数量	名称	数量	名称	数量	名称	数量	名称
甘肃省	4	甘南州、张掖市、酒泉市、武威市	4	兰州市、陇南市、庆阳市、定西市	4	金昌市、白银市、临夏州、天水市	2	平凉市、嘉峪关市
	14	肃北县、阿克塞县、瓜州县、敦煌市、肃南县、天祝县、玛曲县、夏河县、碌曲县、合作市、卓尼县、永昌县、迭部县、环县	12	山丹县、民乐县、民勤县、临潭县、漳县、岷县、华池县、古浪县、榆中县、靖远县、渭源县、永登县	20	临泽县、金川区、舟曲县、庆城县、镇原县、张家川县、宕昌县、玉门市、金塔县、高台县、皋兰县、景泰县、临洮县、陇西县、安定区、礼县、西和县、甘州区、凉州区、武都区	31	肃州区、白银区、会宁县、平川区、临夏县、东乡县、和政县、积石山县、临夏市、康乐县、广河县、通渭县、合水县、宁县、正宁县、西峰区、静宁县、华亭县、灵台县、崆峒区、泾川县、崇信县、清水县、秦州区、武山县、麦积区、甘谷县、文县、康县、成县、徽县
青海省	4	果洛州、海南州、海北州、黄南州	4	海西州、玉树州、海东市、西宁市	—	—	—	—
	15	班玛县、久治县、玛沁县、祁连县、贵南县、兴海县、共和县、河南县、格尔木市、德令哈市、天峻县、都兰县、玉树县、海晏县、泽库县	21	甘德县、刚察县、门源县、同德县、同仁县、乌兰县、囊谦县、杂多县、曲麻莱县、称多县、治多县、玛多县、达日县、贵德县、化隆县、乐都县、大通县、循化县、互助县、湟源县、尖扎县	6	大柴旦行委、茫崖行委、冷湖行委、平安县、民和县、湟中县	—	—

续表

省（区）	市（地、州、盟）、县（旗、市、区）							
	极高火险区		高火险区		中火险区		低火险区	
	数量	名称	数量	名称	数量	名称	数量	名称
宁夏回族自治区	3	固原市、吴忠市、中卫市	2	石嘴山市、银川市	—	—	—	—
	10	原州区、盐池县、同心县、海原县、沙坡头区、灵武市、西吉县、泾源县、隆德县、彭阳县	4	红寺堡区、中宁县、青铜峡市、平罗县	7	大武口区、贺兰县、永宁县、西夏区、利通区、惠农区、兴庆区	1	金凤区
新疆维吾尔自治区	4	塔城地区、伊犁哈萨克自治州、阿勒泰地区、巴音郭楞蒙古自治州	6	博尔塔拉蒙古自治州、哈密地区、昌吉回族自治州、阿克苏地区、乌鲁木齐市、吐鲁番地区	3	克孜勒苏柯尔克孜自治州、和田地区、喀什地区	1	克拉玛依市
	24	裕民县、塔城市、额敏县、托里县、和布克赛尔蒙古自治县、昭苏县、新源县、尼勒克县、巩留县、哈巴河县、吉木乃县、富蕴县、阿勒泰市、青河县、和静县、轮台县、博乐市、温泉县、木垒县、于田县、乌苏市、福海县、布尔津县、米东区	25	特克斯县、霍城县、伊宁县、尉犁县、和硕县、博湖县、精河县、巴里坤县、奇台县、阜康市、玛纳斯县、库车县、拜城县、阿瓦提县、沙雅县、乌鲁木齐县、阿图什市、策勒县、民丰县、巴楚县、叶城县、沙湾县、察布查尔县、呼图壁县、吐鲁番市	25	伊宁市、库尔勒市、焉耆县、若羌县、哈密市、伊吾县、吉木萨尔县、昌吉市、温宿县、乌什县、阿克苏市、达坂城区、阿克陶县、乌恰县、阿合奇县、皮山县、和田县、洛浦县、莎车县、麦盖提县、塔什库尔干县、鄯善县、克拉玛依区、且末县、托克逊县	14	奎屯市、柯坪县、新和县、墨玉县、和田市、疏勒县、伽师县、岳普湖县、英吉沙县、泽普县、疏附县、独山子区、白碱滩区、乌尔禾区

续表

省（区）	市（地、州、盟）、县（旗、市、区）							
	极高火险区		高火险区		中火险区		低火险区	
	数量	名称	数量	名称	数量	名称	数量	名称
新疆生产建设兵团	3	第九师（塔城地区）、第十师（阿勒泰地区）、第四师（伊犁州）	2	第六师（昌吉州）、第七师（奎屯市）	2	第五师（博州）、第十三师（哈密地区）	6	第一师（阿克苏）、第二师（巴州）、第三师（喀什）、第八师（石河子）、第十二师（乌鲁木齐）、第十四师（和田）
	4	161团（托里县）、165团（额敏县）、185团（哈巴河县）、181团（阿勒泰市）	8	5团（温宿县）、223团（和静县）、76团（昭苏县）、79团（尼勒克县）、84团（博州）、北塔山牧场（奇台县）、137团（塔城地区）、74团（昭苏县）	13	叶城二牧场（叶城县）、61团（霍城县）、64团（霍城县）、67团（察布查尔县）、87团（温泉县）、88团（温泉县）、163团（塔城市）、186团（吉木乃县）、红星二牧场（哈密市）、77团（昭苏县）、164团（塔城市）、104团（乌鲁木齐市）、红山农场（巴里坤县）	12	4团（乌什县）、21团（和静县）、22团（和静县）、托云牧场（乌恰县）、78团（特克斯县）、红旗农场（吉木萨尔县）、131团（奎屯市）、143团（沙湾县）、170团（托里县）、183团（福海县）、黄田农场（哈密市）、一牧场（策勒县）
黑龙江省农垦区	—	—	3	农垦北安管理局（黑河市）、农垦建三江管理局（佳木斯市）、农垦齐齐哈尔管理局	4	农垦红兴隆管理局（双鸭山市）、农垦牡丹江管理局（牡丹江市）、农垦九三管理局（黑河市）、农垦绥化管理局（绥化市）	2	农垦哈尔滨管理局、农垦宝泉岭管理局

续表

省（区）	市（地、州、盟）、县（旗、市、区）							
	极高火险区		高火险区		中火险区		低火险区	
	数量	名称	数量	名称	数量	名称	数量	名称
黑龙江省农垦区	—	—	8	富裕牧场（富裕县）、巨浪牧场（林甸县）、绿色草原牧场（杜蒙县）、和平牧场（大庆市大同区）、四方山农场（肇东市）、哈拉海农场（齐齐哈尔市）、五九七农场（宝清县）、八五三农场（宝清县）	27	查哈阳农场（甘南县）、繁荣种畜场（富裕县）、大山种羊场（杜蒙县）、红旗种马场（依安县）、安达畜牧场（安达市）、八五二农场（宝清县）、八五八农场（虎林市）、庆丰农场（虎林市）、前进农场（同江市）、勤得利农场（同江市）、青龙山农场（同江市）、鸭绿河农场（同江市）、创业农场（富锦市）、前哨农场（抚远县）、前锋农场（抚远县）、二道河农场（抚远县）、依安农场（依安县）、红色边疆农场（黑河市）、鹤山农场（讷河市）、红五月农场（讷河市）、八五六农场（虎林市）、大兴农场（富锦市）、	77	泰来农场、双鸭山农场、八五〇农场、八五四农场、浓江农场、荣军农场、克山农场、海伦农场、红光农场、曙光农场、饶河农场、红旗岭农场、八五九农场、胜利农场、红卫农场、八五七农场、云山农场、双峰农场、八五五农场、八五一农场、兴凯湖农场、五大连池农场、龙门农场、龙镇农场、二龙山农场、长水河农场、引龙河农场、尾山农场、格球山农场、襄河农场、香坊农场、青年农场、红旗农场、闫家岗农场、九龙山柞蚕育种场、宝泉岭农场、二九〇农场、绥滨农场、江滨农场、军川农场、名山农场、延军农场、共青农场、宝泉岭农场、

续表

省（区）	市（地、州、盟）、县（旗、市、区）							
	极高火险区		高火险区		中火险区		低火险区	
	数量	名称	数量	名称	数量	名称	数量	名称
黑龙江省农垦区	—	—	8	富裕牧场（富裕县）、巨浪牧场（林甸县）、绿色草原牧场（杜蒙县）、和平牧场（大庆市大同区）、四方山农场（肇东市）、哈拉海农场（齐齐哈尔市）、五九七农场（宝清县）、八五三农场（宝清县）	27	锦河农场（黑河市）、七星泡农场（讷河市）、齐齐哈尔种畜场（铁锋区）、洪河农场（同江市）、七星农场（富锦市）	77	新华农场、普阳农场、梧桐河农场、汤原农场、依兰农场、友谊农场、二九一农场、江川农场、北兴农场、山市种奶牛场、海林农场、宁安农场、逊克农场、赵光农场、红星农场、建设农场、大西江农场、尖山农场、嫩江农场、山河农场、嫩北农场、建边农场、嘉荫农场、铁力农场、绥棱农场、肇源农场、柳河农场、涝洲鱼种场、庆阳农场、岔林河农场、沙河农场、松花江农场、阿城原种场

九、相关参考法律法规及文件

（一）法律法规

1.《草原法》

2.《土地管理法》

3.《水土保持法》

4.《草原防火条例》

5.《内蒙古自治区草原管理条例》

6.《内蒙古自治区草原管理条例实施细则》

7.《内蒙古自治区基本草原保护条例》

8.《内蒙古自治区森林草原防火条例》

9.《内蒙古自治区禁牧和草畜平衡监督管理办法》

10.《内蒙古自治区建设我国北方重要生态安全屏障促进条例》

11.《内蒙古自治区草畜平衡和禁牧休牧条例》

（二）政策类文件

1.《国务院办公厅关于加强草原保护修复的若干意见》（国办发〔2021〕7号）

2.《草原征占用审核审批管理规范》（详见林草规〔2020〕2号）

3.《关于全面加强新形势下森林草原防灭火工作的意见》

4.《农业部关于调整全国草原火险区级别的通知》（农牧发〔2015〕9号）

5.《内蒙古自治区林业和草原行政处罚自由裁量权基准》

6.《内蒙古自治区林业和草原行政处罚自由裁量权适用规则》

7.《内蒙古自治区林业和草原局关于印发〈内蒙古自治区草原征占用审

核审批管理规定〉的通知》（内林草草监发〔2023〕235号）

8.《内蒙古自治区人民政府办公厅关于加强草原保护修复的实施意见》（内政办发〔2021〕95号）

9.《构筑我国北方重要生态安全屏障规划（2021-2035年）》

（三）技术类文件

1.《天然草地退化、沙化、盐渍化的分级指标》（GB 19377—2003）

2.《天然草地合理载畜量的计算》（NY/T 635—2015）

入河排污口篇

一、编制背景

中央生态环境保护督察是习近平总书记亲自谋划、亲自部署、亲自推动的一项重大体制创新和重大改革举措，是习近平生态文明思想的重大原创性成果和制度性保障。从2015年年底在河北省试点起，到2018年完成第一轮督察全覆盖，并对20个省（区）开展“回头看”。2019年开始，第二轮中央生态环境保护督察分六批完成对31个省（区、市）和新疆生产建设兵团、2个国务院部门和6家中央企业的督察，2023年11月又启动了第三轮中央生态环境保护督察。近年来，通过督察推动，习近平生态文明思想更加深入人心，绿水青山就是金山银山理念成为全党全社会高度共识，各地区各部门切实落实生态环境保护“党政同责”“一岗双责”，坚定不移地走生态优先、绿色发展新路子，取得“中央肯定、百姓点赞、各方支持、解决问题”的显著成效，实现了很好的政治效果、经济效果、环境效果和社会效果。2022年3月，中央第三生态环境保护督察组对内蒙古自治区开展第二轮生态环境保护督察发现，内蒙古自治区黄河流域生态环境保护存在差距，部分地区水环境污染形势严峻。

中共中央、国务院颁发的《黄河流域生态保护和高质量发展规划纲要》指出，黄河污染表象在水里、问题在流域、“根子”在岸上。入河排污口是连接岸上污染排放和流域生态环境的最后一道“关口”，抓好入河排污口整治就抓住了水环境质量改善的“牛鼻子”。2020年5月，生态环境部启动黄河流域入河排污口排查整治专项行动，计划用3年开展黄河流域入河排污口排查整治专项行动，全面摸清入河排污口底数，推动解决突出排污问题，为黄河流域高水平保护和高质量发展提供支撑。生态环境部已完成黄河流域内蒙古段入河排污口排查工作并交办各地，明确提出地方人民政府是入河排污口排查整治的责任主体，要组织专门工作队伍，明确职责分工，保障工作经费，制定周密工作方案，扎实推进监测、溯源、整治各项任务。2022 年 3 月，《国务院办公厅关于加强入河入海排污口监督管理工作的实施意见》（国办函〔2022〕17 号）要求以长江、黄河、渤海等相关流域、海域为重点，明确阶段性目标任务，率先推进长江入河排污口监测、溯源、整治，建立完善管理机制，将管理范围逐步扩展到全国各地。2025 年年底前，完成七个流域①、近岸海域范围内所有排污口排查；基本完成七个流域干流及重要支流、重点湖泊、重点海湾排污口整治（涉及内蒙古自治区境内五大流域几十条河流）。并明确要求将排污口整治和监督管理情况纳入相关工作考核，对在排污口监督管理工作中存在徇私舞弊、弄虚作假、敷衍塞责等行为的，依法依规严肃追究有关地方、部门和人员责任。

内蒙古自治区入河排污口整治工作以水生态环境质量持续改善为目标，以截污治污为重点，涉及多个部门工业企业、农业农村、城镇生活、港口码头及沟渠河港纳污、雨污混排等方面的截污治污责任。2023 年 10 月，生态环境部将入河入海排污口排查整治情况现场监督检查工作纳入第二阶段统筹强化监督，发现不少工作落实不力、整治效果不佳的问题。将入河排污口整治工作纳入内蒙古自治区省级督察范围，可以进一步压实各级地方人民政府主体责任，确保各有关部门和责任单位将具体任务落到实处，推动区域入河排污口排查整治工作取得实效，不断改善黄河及其他流域生态环境质量，满足人民群众日益增长的对优美生态环境的需要。

二、适用范围

《内蒙古自治区生态环境保护督察入河排污口现场督察工作技术指南》（以下简称《入河排污口类督察工作技术指南》）适用于内蒙古自治区开展

---

① 七个流域包括长江流域、黄河流域、淮河流域、海河流域、珠江流域、松辽流域、太湖流域。

例行督察、入河排污口专项督察和派驻监察等工作。

三、编制依据

（1）《国务院办公厅关于加强入河入海排污口监督管理工作的实施意见》（国办函〔2022〕17号）

（2）《关于贯彻落实〈国务院办公厅关于加强入河入海排污口监督管理工作的实施意见〉的通知》（环办水体〔2022〕34号）

（3）《生态环境部办公厅关于印发〈黄河流域入河排污口排查整治专项行动工作计划〉的函》（环办执法函〔2021〕134号）

（4）《生态环境部办公厅关于交办黄河流域入河排污口清单的函》（环办执法函〔2023〕280号）

（5）《内蒙古自治区生态环境厅关于印发黄河流域入河排污口排查整治专项行动工作方案的通知》（内环办〔2021〕73号）

（6）《内蒙古自治区人民政府办公厅关于印发自治区加强入河排污口排查整治和监督管理工作方案的通知》（内政办发〔2022〕94号）

（7）《内蒙古自治区生态环境厅关于现阶段加强入河排污口监督管理有关事项的通知》（内环发〔2021〕130号）

四、术语定义

《入河入海排污口监督管理技术指南　名词术语》（HJ 1310—2023）、《入河入海排污口监督管理技术指南　排污口分类》（HJ 1312—2023）、《入河（海）排污口三级排查技术指南》（HJ 1232—2021）及《生态环境部办公厅关于印发〈长江、黄河和渤海入海（河）排污口排查整治分类规则（试行）〉〈长江、黄河和渤海入海（河）排污口命名与编码规则（试行）〉〈长江、黄河和渤海入海（河）排污口标志牌设置规则（试行）〉的通知》

（环办执法函〔2020〕718 号）中规定的下列术语和定义适用于《入河排污口类督察工作技术指南》。

（1）工业排污口：工业企业生产废水排污口、生活污水排污口和厂区降水排污口等，这些排污口不包括城镇污水处理厂、港口码头等排污口。

工业企业生产废水排污口，包括工业污水集中处理设施排污口、没有纳入工业污水集中处理设施的生产废水排污口、温排水等循环水排污口，以及生产废水与生活污水或雨水等的混合污水排污口。

生活污水排污口，指工业企业内部生活污水与生产废水完全隔绝且采取了有效措施防止二者混排等风险的排污口。

厂区降水排污口，指直接或通过沟、渠、管道等设施向厂界外专门排放天然降水的排污口。初期降水或受污染的降水应严格执行行业相应排放标准的相关要求。

（2）农业农村排污口：农业生产和农村生活污水等的排污口。包括水产养殖排污口、畜禽养殖排污口、种植业排污口、农村生活污水排污口。

水产养殖排污口，指工厂化养殖、池塘养殖等陆基水产养殖的尾水排污口。

畜禽养殖排污口，指在畜禽养殖过程中产生的废水的排污口。

种植业排污口，指在种植业生产过程中产生的水的排污口。

农村生活污水排污口，包括农村集中式污水处理设施排污口和没有纳入农村集中式污水处理设施的生活污水排污口。

（3）城镇生活污水排污口，包括城镇污水集中处理设施排污口和没有纳入城镇污水集中处理设施的生活污水排污口。

（4）港口码头排污口，包括港口码头内的生产废水、生活污水、降水等的排污口。

港口码头内的生产废水排污口，包括港口生产作业产生的废水和港口接收的船舶废水的排污口，以及港口码头作业平台冲刷和溢流废水的临时排污口。

（5）城镇雨洪排污口：以雨水排放、排涝泄洪为目的而设置，存在污水混入的排污口。包括城镇雨水收集管网、雨水汇流和行洪通道等。

（6）沟渠、河港（涌）、排干等：接收各类污水并向海（河）排放的沟渠、河港（涌）、排干等。

（7）其他排污口：上述分类中未包括的排污口。

其中，《入河入海排污口监督管理技术指南　名词术语》（HJ 1310—2023）、《入河入海排污口监督管理技术指南　排污口分类》（HJ 1312—2023）和《入河（海）排污口三级排查技术指南》（HJ 1232—2021）中规定的术语和定义适用于所有场合。《长江、黄河和渤海入海（河）排污口排查整治分类规则（试行）》中规定的术语和定义目前仅适用于由生态环境执法局管理的黄河干流区域，后续黄河干流排污口分类标准有调整的以最新要求为准。

五、督察对象与责任划分

（一）督察对象与责任清单

根据《国务院办公厅关于加强入河入海排污口监督管理工作的实施意见》（国办函〔2022〕17号）（以下简称《实施意见》）和《生态环境部办公厅关于交办黄河流域入河排污口清单的函》（环办执法函〔2023〕280号）（以下简称《交办函》）等顶层文件要求，入河排污口排查整治工作涉及主体包括各级人民政府、各有关部门、企业（涉及央企、国企）3类。入河排污口督察对象及职责见表1。

表 1　入河排污口督察对象及职责

序号	对象类别	具体职责	依据
1	各级人民政府	①组织排污口排查溯源工作	《实施意见》“二、开展排查溯源（四）组织排污口排查”：地市级人民政府承担组织实施排污口排查溯源工作的主体责任。 《关于贯彻落实〈国务院办公厅关于加强入河入海排污口监督管理工作的实施意见〉的通知》（环办水体〔2022〕34 号）“三、分阶段推进排查整治工作”：各省份要充分借鉴长江、黄河、渤海等排污口排查整治试点经验做法，依据国家有关政策文件和技术规范，组织各地市按照“有口皆查、应查尽查”要求，开展地毯式摸排，摸清本行政区域内排污口底数，建立管理台账并动态更新
2		②组织开展溯源分析	《实施意见》“二、开展排查溯源（五）确定排污口责任主体”：属地地市级人民政府要组织开展溯源分析，查清排污口对应的排污单位及其隶属关系，确定责任主体
3		③政府兜底作为责任主体负责源头治理以及排污口整治、规范化建设、维护管理等工作	《实施意见》“二、开展排查溯源（五）确定排污口责任主体”：经溯源后仍无法确定责任主体的，由属地县级或地市级人民政府作为责任主体，或由其指定责任主体。责任主体负责源头治理以及排污口整治、规范化建设、维护管理等。 “三、实施分类整治（七）明确整治要求”：排查出的入河入海沟渠及其他排口，由属地地市级人民政府结合黑臭水体整治、消除劣Ⅴ类水体、农村环境综合治理及流域（海湾）环境综合治理等统筹开展整治
4		④制定实施整治方案，以截污治污为重点开展整治	《实施意见》“二、开展排查溯源（四）组织排污口排查”：地市级人民政府承担组织实施排污口排查溯源工作的主体责任，制定实施方案，压实生态环境等部门责任。“二、开展排查溯源（七）明确整治要求”：由地市级人民政府制定实施整治方案，以截污治污为重点开展整治。 《交办函》第五部分要求：按照“一口一策”原则制定本行政区域排污口整治方案，经省生态环境厅技术审核后由地方印发实施。方案应明确每个排污口的整治要求、具体措施、整治目标、责任分工、进度安排及完成时限。呼和浩特市、包头市、乌兰察布市、鄂尔多斯市、巴彦淖尔市、乌海市、阿拉善盟需于2023 年 5 月底前，制定实施“一口一策”整治方案

续表

序号	对象类别	具体职责	依据
5	各级人民政府	⑤落实各部门排污口监督管理责任	《实施意见》“四、严格监督管理（十三）强化监督管理”：地市级、县级人民政府根据排污口类型、责任主体及部门职责等，落实排污口监督管理责任，生态环境部门统一行使排污口污染排放监督管理和行政执法职责，水利等相关部门按职责分工协作
6		⑥建立排污口整治销号制度	《实施意见》“三、实施分类整治（七）明确整治要求”：地市级人民政府建立排污口整治销号制度，通过对排污口进行取缔、合并、规范，最终形成需要保留的排污口清单
7		⑦取缔违法设置的入河排污口	《实施意见》“三、实施分类整治（八）依法取缔一批”：对违反法律法规规定，在饮用水水源保护区、自然保护地及其他需要特殊保护区域内设置的排污口，由属地县级以上地方人民政府或生态环境部门依法采取责令拆除、责令关闭等措施予以取缔
8		⑧将工作经费纳入同级财政预算予以保障	《实施意见》“五、加强支撑保障（十六）加强组织领导”：地市级、县级人民政府要落实属地管理责任，切实做好排污口排查及日常监督管理，将工作经费纳入同级财政预算予以保障，督促相关责任主体落实整治责任，确保改革工作落实到位
9		⑨制定出台贯彻落实《实施意见》的方案	《关于贯彻落实〈国务院办公厅关于加强入河入海排污口监督管理工作的实施意见〉的通知》（环办水体〔2022〕34号）“二、制定出台贯彻落实《实施意见》方案”：指导督促地市级人民政府于2023年3月底前，制定实施方案，组织开展排污口排查、监测、溯源、整治及监管等各项工作
10	各有关部门	①生态环境部门统一行使排污口污染排放监督管理和行政执法职责，水利等相关部门按职责分工协作	《实施意见》“一、总体要求（二）工作原则”：落实地方人民政府属地管理责任，生态环境部门统一行使排污口污染排放监督管理和行政执法职责，水利等相关部门按职责分工协作。“四、严格监督管理（十三）强化监督管理”：生态环境部门统一行使排污口污染排放监督管理和行政执法职责，水利等相关部门按职责分工协作
11		②有监督管理权限的部门依法加强日常监督管理	《实施意见》“四、严格监督管理（十三）强化监督管理”：有监督管理权限的部门依法加强日常监督管理

续表

序号	对象类别	具体职责	依据
12	各有关部门	③排污口设置审批或备案	《关于贯彻落实〈国务院办公厅关于加强入河入海排污口监督管理工作的实施意见〉的通知》（环办水体〔2022〕34号）“四、依法依规审批备案”：地方各级生态环境部门要落实相关法律法规关于排污口设置的规定，明确禁止设置、限制设置排污口的管控要求，做好职责范围内排污口设置审批或备案，按规定作出行政许可决定。 各级生态环境部门要按照《国务院办公厅关于全面实行行政许可事项清单管理的通知》（国办发〔2022〕2号）要求，将入河排污口设置审批纳入行政许可事项清单
13	企业	经溯源为企业的排污口由其负责具体整治工作	《实施意见》“二、开展排查溯源（五）确定排污口责任主体”：各地要按照“谁污染，谁治理”和政府兜底的原则，逐一明确排污口责任主体，建立责任主体清单。对于难以分清责任主体的排污口，属地地市级人民政府要组织开展溯源分析，查清排污口对应的排污单位及其隶属关系，确定责任主体；经溯源后仍无法确定责任主体的，由属地县级或地市级人民政府作为责任主体，或由其指定责任主体。责任主体负责源头治理以及排污口整治、规范化建设、维护管理等

（二）责任划分与确定

根据督察过程中发现的具体问题性质类别，按照其各部门的职责分工，对应不同的责任部门和不同责任，不同类型问题责任主体划分见表2。

表2　不同类型问题责任主体划分

序号	问题类别	问题情形	责任划分	确定办法
1	顶层文件编制印发	①制定出台贯彻落实《实施意见》的方案； ②制定整治方案； ③制定实施“一口一策”整治方案	主体责任：地市级人民政府； 落实责任：地市级生态环境部门	该项工作主要监督职责在地市级人民政府，默认牵头部门为地市级生态环境部门，具体到处室需要根据各地情况判断（有的为执法部门，有的为水处理部门）

续表

序号	问题类别	问题情形	责任划分	确定办法
2	面上工作推进情况	①排查整治目标任务完成情况； ②组织排污口排查溯源工作； ③组织开展溯源分析； ④摸清入河排污口设置审批情况； ⑤落实工作经费	主体责任：地市级人民政府； 落实责任：入河地市级生态环境部门、财政部门	前4项工作主要监督职责在地市级人民政府，默认牵头部门为地市级生态环境部门（地方另有规定的除外），具体到处室需要根据各地情况判断（有的为执法部门，有的为水处理部门）。 工作经费落实在财政部门
3	单个排污口整治情况	排污口溯源、整治效果	主体责任：地市级人民政府； 监督责任：各地分类整治方案和“一口一策”整治方案中的行业监管部门； 整治责任：各地“一口一策”整治方案中的责任主体	根据“一口一策”整治方案中的责任分工，查看责任主体、监管部门。参照生态环境部组织的各类调研及统筹强化监督情况，结合北方地区实际，单个入河排污口整治后依旧存在问题的可判定为主体整治责任；某地抽检入河排污口问题率达50%以上的可判定为地方政府责任，某类型排污口抽检问题率达50%以上的可判定为行业监管部门责任

六、督察方式

（一）督察流程

入河排污口工作涉及的方面较多，包括案头工作与现场工作。结合督察内容，督察流程可简单概括为看资料—查系统—去现场—找问题—厘责任—写报告。

1. 看资料

开展入河排污口督察之前，需要提前熟悉和了解相关技术规范和地方自行印发的文件规定以及相关工作的证明材料，对相关工作要求有充分的了解和认识，并围绕现场检查表，对相关文件制定、职责分工划分等情况的落实进行初判。包括提前学习资料、向省级部门调阅资料和向地方及以下部门调阅资料 3 类（表 3）。

表 3　需要学习、调阅的资料清单

序号	来源	清单
1	提前学习	《国务院办公厅关于加强入河入海排污口监督管理工作的实施意见》（国办函〔2022〕17 号）
2		《关于贯彻落实〈国务院办公厅关于加强入河入海排污口监督管理工作的实施意见〉的通知》（环办水体〔2022〕34 号）
3		《生态环境部办公厅关于印发〈黄河流域入河排污口排查整治专项行动工作计划〉的函》（环办执法函〔2021〕134 号）
4		《内蒙古自治区加强入河排污口排查整治和监督管理工作方案》
5		《内蒙古自治区生态环境厅关于印发黄河流域入河排污口排查整治专项行动工作方案的通知》（内环办〔2021〕73 号）
6		《内蒙古自治区人民政府办公厅关于印发自治区加强入河排污口排查整治和监督管理工作方案的通知》（内政办发〔2022〕94 号）
7		《内蒙古自治区生态环境厅关于现阶段加强入河排污口监督管理有关事项的通知》（内环发〔2021〕130 号）
8		《生态环境部办公厅关于印发〈长江、黄河和渤海入海（河）排污口排查整治分类规则（试行）〉〈长江、黄河和渤海入海（河）排污口命名与编码规则（试行）〉〈长江、黄河和渤海入海（河）排污口标志牌设置规则（试行）〉的通知》（环办执法函〔2020〕718 号）
9		《长江入河和渤海地区入海排污口排查整治专项行动监测实施工作要点（试行）》（环办监测函〔2020〕261 号）
10		《入河（海）排污口三级排查技术指南》（HJ 1232—2021）
11		《入河（海）排污口命名与编码规则》（HJ 1235—2021）
12		《入河入海排污口监督管理技术指南　排污口分类》（HJ 1312—2023）
13		《入河入海排污口监督管理技术指南　溯源总则》（HJ 1313—2023）

续表

序号	来源	清单
14	提前学习	《入河入海排污口监督管理技术指南　整治总则》（HJ 1308—2023）
15		《入河入海排污口监督管理技术指南　入河排污口规范化建设》（HJ 1309—2023）
16		《入河入海排污口监督管理技术指南　名词术语》（HJ 1310—2023）
17		《入河入海排污口监督管理技术指南　监测（征求意见稿）》
18		《入河排污口监督管理办法》
19	向省级部门调阅资料	《生态环境部办公厅关于交办黄河流域入河排污口清单的函》（环办执法函〔2023〕280 号）
20		内蒙古自治区入河排污口设置审批权限划分方案或文件
21	向地方及以下部门调阅资料	× 市黄河流域入河排污口排查整治专项行动工作方案
22		× 市加强入河排污口排查整治和监督管理工作方案
23		× 市入河排污口分类整治工作方案
24		× 市“一口一策”整治方案
25		监测报告
26		溯源报告
27		各部门在入河排污口整治中的职责分工文件
28		各部门监督管理入河排污口工作的证明材料（包括但不限于会议记录、新闻报道、领导批示）

2. 查系统

根据督察区域和涉及河流，分别登录对应的入河排污口填报系统，在整治完成的排污口中筛选可疑问题点位供现场查看。重点筛选以下几类点位：一是排查期间发现正在排污或问题比较突出的；二是排查期间有排水口，未填报任何监测结果即封堵或整治的；三是整治措施与监测、溯源阶段问题（如水质明显异常，溯源表明混有各类污水）毫不对应的；四是监测、溯源、整治等阶段信息缺失较多，无法判断实际情况的。

3. 去现场

对照查系统选取的可疑点位清单，提前分析位置布局，确定检查路线和顺序。在黄河干流区域，可利用“黄河入河排污口排查整治”填报系统

（手机 App 版）自带的导航功能，自行导航至特定点位（软件上的位置更为精准），避免地方人员对某个排污口情况不熟悉而带错路，或者地方提前采取某些措施干扰发现问题。在黄河干流以外区域，对照某排污口的行政区划和经纬度信息，到达对应点位附近后，现场比对排查时的照片，确定是否为同一排污口。

4. 找问题

在核查单个入河排污口的整治情况时，到达点位后，首先，按照“单个入河排污口整治情况检查表”和检查要点，逐项核实是否存在整治不到位问题。其次，在查找问题过程中要充分结合系统填报信息，与现场信息进行比对。现场重点查看整治情况后确定是否解决排污问题，消除污染入河的环境风险。必要时，可与附近居民、基层工作人员等进行访谈和交流，充分了解单个入河排污口整治前后的变化。最后，将发现的所有问题梳理成条，分类整理。

5. 厘责任

对照《入河排污口类督察工作技术指南》“督察对象与责任划分”部分，同时结合各市（盟）及区（县、旗）自行印发的整治方案中明确规定的职责分工及“一口一策”整治方案中明确提出的责任主体与监管部门，逐项明确造成每个问题的责任主体和责任人。结合单个入河排污口整治情况责任判定方法，确定达到对应问题比例的区域和涉及部门。最后按照部门分类汇总具体问题和责任，形成责任清单。

6. 写报告

全面梳理本次入河排污口督察的工作方法、问题判定标准、发现的主要问题和责任分析过程，撰写形成有关入河排污口现场检查问题报告和问题清单，并及时与地方进行对接交流，确定所有问题达成一致意见，方便后期有方向地开展整治和责任追究，确保所有问题有人负责、整改到位。

入河排污口督察技术路线如图 1 所示。

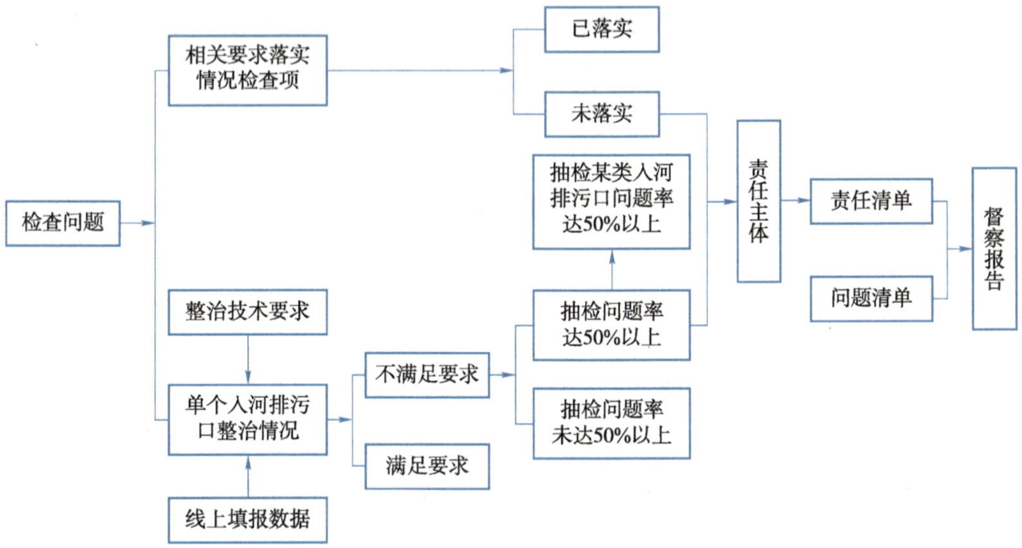

图 1　入河排污口督察技术路线

（二）督察方法

1. 资料与系统结合

因相关填报系统中的信息主要由基层人员自主填报，有的信息未上传佐证材料，可通过现场检查检测报告、“一口一策”整治方案、整治验收资料等，核实系统中填报的信息是否存在弄虚作假的情况。

2. 线上与线下结合

在督察过程中，可提前查看系统中各排污口的填报信息，对入河排污口基础情况有基本了解，到达现场后再对线上查看时发现的逻辑不通或资料缺失等信息进行现场核实，同时现场查看排污口整治效果是否符合系统中填报的情况。

3. 检查与访谈结合

督察中可将现场检查工作与基层人员的交谈结合开展，部分基层人员在系统中填报的信息可能没有条理、说不清具体问题，可多与其进行交流，现场询问排污口工作的具体开展方式。此外，也可通过现场交谈了解地方政府对该项工作的重视程度和实际工作开展方式。

七、督察内容与检查要点

（一）督察内容

2025年前，国家对入河排污口排查整治工作的重点聚焦在制度建设和排查整治方面。入河排污口开展现场督察的工作内容包括两个层面：一是按照国务院办公厅文件、生态环境部交办文件和自治区文件要求，各地需要围绕入河排污口排查整治工作落实的工作事项。相关要求贯彻落实情况检查见表4。二是按照已经出台和印发的各项入河排污口排查整治技术规范要求，每个入河排污口真正做到整治到位需要落实的事项。单个入河排污口整治情况检查见表5。

表4　相关要求贯彻落实情况检查

序号	事项	检查要点	依据
1	贯彻落实《实施意见》工作方案编制及落实情况	①相关市（盟）是否按时制定并正式印发市（盟）排查整治实施方案； ②各市（盟）编制的实施方案是否明确各部门任务分工目标、是否明确资金保障要求	《关于贯彻落实〈国务院办公厅关于加强入河入海排污口监督管理工作的实施意见〉的通知》（环办水体〔2022〕34号），（以下简称《通知》）“二、制定出台贯彻落实《实施意见》方案”：各省级生态环境部门要会同水利等相关部门，抓紧制定贯彻落实《实施意见》工作方案，明确分阶段工作目标，确定排查监测溯源整治、设置审批备案以及事中事后监管等重点任务时间表、路线图，细化分工，压实责任，于2023年2月底前报省级人民政府批准实施，并抄送生态环境部。指导督促地市级人民政府于2023年3月底前，制定实施方案，组织开展排污口排查、监测、溯源、整治及监管等各项工作

续表

序号	事项	检查要点	依据
2	排查整治目标任务完成情况	①相关市（盟）已完成排查重点河流数量和重点湖泊数量； ②相关市（盟）排查核定排污口总数，已完成溯源整治、排污口总数和完成比例	《通知》“三、分阶段推进排查整治工作”：各省份要于2023年年底前，完成流域干流及重要支流（水体）、重点湖泊、重点海湾排污口排查，完成80%溯源和30%整治任务。2024年年底前，基本完成上述排污口溯源，完成70%整治任务。2025年年底前，全面完成整治工作
3	入河排污口设置审批情况	①根据内蒙古自治区生态环境厅确定的入河排污口分级审批权限相关文件要求，抽查各市（盟）完成设置审批的排污口是否存在违反权限要求的情况； ②是否存在设置审批违反限批或禁批规定的情况	《通知》“四、依法依规审批备案”：地方各级生态环境部门要落实相关法律法规关于排污口设置的规定，明确禁止设置、限制设置排污口的管控要求，做好职责范围内排污口设置审批或备案，按规定作出行政许可决定。 上述范围外的入河排污口设置审批，由属地省级生态环境部门负责确定本行政区域内分级审批权限，于2023年2月底前完成并向社会公开
4	开展入河排污口日常监管情况	①相关市（县）是否开展了入河排污口自查工作； ②相关市（县）开展自查工作发现了多少问题，取得的成效等	《通知》“五、加强事中事后监管”：要建立健全“市县自查—省级核查—流域海域局抽查”的监管模式，市（县）要边干边查、定期自查，扎实推进各项任务落地实施；省级采取跨部门联合、相互交叉、“双随机”等方式组织开展现场核查，每年选取2～3个地市［直辖市选取1～2个区（县）］重点检查排污口排查整治进展和设置审批备案情况

续表

序号	事项	检查要点	依据
5	印发整治方案	①是否制定实施了“一口一策”整治方案； ②“一口一策”整治方案内容和印发形式是否满足要求	《交办函》第五部分要求：按照“一口一策”原则制定本行政区域排污口整治方案，经省生态环境厅技术审核后由地方印发实施。方案应明确每个排污口的整治要求、具体措施、整治目标、责任分工、进度安排及完成时限。呼和浩特市、包头市、乌兰察布市、鄂尔多斯市、巴彦淖尔市、乌海市、阿拉善盟需于 2023 年 5 月底前，制定实施“一口一策”整治方案

注：1. 事项 2，《通知》中规定的内蒙古自治区需要完成排查整治的河流包括黄河流域［黄河（干流）、无定河、窟野河（乌兰木伦河）、大黑河、黄甫川、孤山川、都斯图河（都思兔河）、悖牛川］、海河流域（滦河、闪电河）、松花江流域（嫩江、霍林河、雅鲁河、绰尔河、洮儿河、诺敏河、甘河、二龙涛河、蛟流河、金河、大额木特河、阿伦河、济沁河、罕达罕河、音河、乌力根河、额尔古纳河、达兰鄂勒木河、努木尔根河、胡德仁河、克鲁伦河、哈拉哈河、海拉尔河、伊敏河、辉河、乌尔逊河、激流河、根河）、辽河流域（英金河、西拉木伦河、教来河、新开河、乌力吉木仁河、秀水河、养畜牧河、柳河、西辽河、东辽河、老哈河、崩河、二道河、阴河、西路嘎河、牤牛河、老虎山河）、西北诸河［黑河（额济纳河）］。

2. 事项 3，（1）《实施意见》中关于规范入河排污口设置审批的要求：工矿企业、工业及其他各类园区污水处理厂、城镇污水处理厂入河排污口的设置依法依规实行审核制。所有入海排污口的设置实行备案制。对未达到水质目标的水功能区，除城镇污水处理厂入河排污口外，应当严格控制新设、改设或者扩大排污口。环境影响评价文件由国家审批建设项目的入河排污口以及位于省界缓冲区、国际或者国境边界河湖和存在省际争议的入河排污口的设置审核，由生态环境部相关流域（海域）生态环境监督管理局负责实施，并纳入属地环境监督管理体系；上述范围外的入河排污口的设置审核，由属地省级生态环境部门负责确定本行政区域内分级审核权限。可能影响防洪、供水、堤防安全和河势稳定的入河排污口的设置审核，应征求有管理权限的流域管理机构或水行政主管部门的意见。排污口审核、备案信息要及时依法向社会公开。（2）《内蒙古自治区生态环境厅关于现阶段加强入河排污口监督管理有关事项的通知》第四部分“（一）审核权限”规定，除由生态环境部相关流域生态环境监督管理局审核的入河排污口外，建设项目环境影响评价文件由自治区审批的，其入河排污口的设置由自治区生态环境厅负责审核；建设项目环境影响评价文件由市（盟）、县（旗）审批的，以及依法不需要办理环境影响评价审批手续的，其入河排污口的设置由市（盟）级生态环境部门负责审核，不得下放至县（旗）级生态环境部门。雨洪排口（不包括雨污混合排口）的设置实行备案制，由市（盟）级生态环境部门负责。各类入河排污口的设置审核（备案）后，须纳入属地环境监管体系，并于 30 日内报自治区生态环境厅备案。（3）《入河排污口监督管理办法》规定禁止设置入河排污口的情形：①在饮用水水源保护区内；②在风景名胜区水体、重要渔业水体和其他具有特殊经济文化价值的水体的保护区内；③不符合法律、行政法规规定的其他情形。

3. 事项 4，《实施意见》要求各地建立健全“市县自查—省级核查—流域海域局抽查”的监管模式，市（县）要边干边查、定期自查，但并未明确规定各地检查频次。具体检查时，可先检查各地是否本身明确了自查频次以及是否落实。若未明确频次，可按照整治完成后每年至少自查 1 次开展。

表 5　单个入河排污口整治情况检查

序号	检查环节	现场问题
1	监测	排水水质超标
2	溯源	污染来源确定错误
3		排污口分类错误
4		责任主体确定错误
5	整治	整治类型错误
6		依法取缔或清理合并后，原排污口依旧存在
7		依法取缔或清理合并后，污水去向未妥善安置
8		依法取缔或清理合并后，排污通道未拆除或填埋
9		依法取缔的，封堵不规范
10		排污通道不规范
11		排污口附近有垃圾堆放等环境风险
12		排污口附近有排污痕迹
13		受纳水体有明显恶臭、水体颜色异常等情况
14	标志牌	应设未设标志牌
15		标志牌设置不规范
16	监测采样点	应设未设监测采样点
17		采样点设置不合理
18	检查井	应设未设检查井
19	档案	未建立档案
20		档案信息不全

2025 年后，内蒙古自治区入河排污口排查整治工作重点聚焦长效监管，主要包括新增排污口的设置审批和前期整治完成排污口的长效监管，避免问题反弹。从工作角度来说，包括两个层面的检查：一是入河排污口监督管理工作面上事项检查（表 6）；二是单个入河排污口长效监管效果检查（表 7）。

表 6　入河排污口监督管理工作面上事项检查

序号	事项	检查要点	依据
1	入河排污口设置审批情况	①根据内蒙古自治区生态环境厅确定的入河排污口分级审批权限相关文件的要求，抽查各市（盟）完成设置审批的排污口是否存在违反权限要求的情况； ②是否存在设置审批违反限批或禁批规定的情况	《通知》“四、依法依规审批备案”：地方各级生态环境部门要落实相关法律法规关于排污口设置的规定，明确禁止设置、限制设置排污口的管控要求，做好职责范围内排污口设置审批或备案，按规定作出行政许可决定。 上述范围外的入河排污口的设置审批，由属地省级生态环境部门负责确定本行政区域内分级审批权限，于 2023 年 2 月底前完成并向社会公开
2	入河排污口日常监管情况	①相关市（县）是否开展了入河排污口自查工作； ②相关市（县）开展自查工作发现了多少问题，取得的成效等	《通知》“五、加强事中事后监管”：要建立健全“市县自查—省级核查—流域海域局抽查”的监管模式，市（县）要边干边查、定期自查，扎实推进各项任务落地实施；省级采取跨部门联合、相互交叉、“双随机”等方式组织开展现场核查，每年选取 2～3 个市（盟）［直辖市选取 1～2 个区（县）］重点检查排污口排查整治进展和设置审批备案情况

表 7　单个入河排污口长效监管效果检查

序号	检查环节	现场问题
1	监测	排水水质超标
2	整治	排污通道不规范
3		排污口附近有垃圾堆放等环境风险
4		排污口附近有排污痕迹
5		受纳水体有明显恶臭、水体颜色异常等情况
6	标志牌	标志牌丢失

（二）检查要点

1. 排水水质

采样位置：连续排水的，检测排污口出水处水样（图 2）；排污口处不具备采样条件的，取上游一侧明渠、检修井等处水样（图 3）。不应采集排污口附近受纳水样（图 4）。

图 2　正确采样——排污口原位采样

图 3　正确采样——排污口上游采样

图 4　错误采样——排污口附近受纳水体采样

监测指标：一般排污口监测化学需氧量、氨氮、总磷、pH、总氮等指标，具有行业特色的工业排污口可以监测特殊因子指标。

监测方法：可参照《长江入河和渤海地区入海排污口排查整治专项行动监测实施工作要点（试行）》（环办监测函〔2020〕261 号），待《入河入海排污口监督管理技术指南　监测（征求意见稿）》正式发布后，按该要求执行。

结果异常判定：按照相关行业排放标准进行判定，或对照各地“一口一策”整治方案中的整治目标进行判定，若两者均无，可按照各类排污口的整治完成要求（表 8）对各类排污口的整治目标进行判定。

表 8 《入河入海排污口监督管理技术指南　整治总则》（HJ 1308—2023）中对各类排污口的整治完成要求

排污口一级分类	排污口二级分类	判定条件
工业排污口	工矿企业排污口	①单一排放源入河入海排污口排放的污水，污染物排放浓度应符合其接纳的排污单位适用排放标准中规定的浓度限值。多排放源入河入海排污口排放的污水，污染物排放浓度应不大于各排污单位浓度限值的最大值。 ②排放污水中不应检出其接纳的各排污单位适用排放标准中未规定的污染物种类
	工矿企业雨洪排污口	①无生产生活污水排入。 ②已按相关管理要求对初期雨水进行收集处理。 ③工矿企业适用的排放标准中规定了受污染雨水排放浓度限值的，污染物排放浓度应符合其接纳的排污单位适用排放标准中规定的浓度限值
	工业及其他各类园区污水处理厂排污口	①单一排放源入河入海排污口排放的污水，污染物排放浓度应符合其接纳的污水处理厂许可排放浓度限值。多排放源入河入海排污口排放的污水，污染物排放浓度应不大于各排污单位浓度限值的最大值。 ②排放污水中不应检出其接纳的各排污单位适用排放标准中未规定的污染物种类
	工业及其他各类园区污水处理厂雨洪排污口	①无生产生活污水排入。 ②已按相关管理要求对初期雨水进行收集处理
城镇污水处理厂排污口	城镇污水处理厂排污口	①单一排放源入河入海排污口排放的污水，污染物排放浓度应符合其接纳的污水处理厂适用排放标准中规定的浓度限值。 ②多排放源入河入海排污口排放的污水，污染物排放浓度应不大于各排污单位浓度限值的最大值

续表

排污口一级分类	排污口二级分类	判定条件
农业排污口	规模化畜禽养殖排污口	污染物排放浓度应符合其适用的国家或地方畜禽养殖污染物排放标准规定的浓度限值
	规模化水产养殖排污口	污染物排放浓度应符合其适用的国家或地方水产养殖污染物排放标准规定的浓度限值
其他排污口	大中型灌区排污口	①农田灌溉渠道未接纳工业废水或者医疗污水。 ②排水不黑不臭，不含农膜、农业废弃产品等固体废物
	港口码头排污口	生活污水收集后统一纳入市政管网，由城镇污水处理厂处理；生产废水按规定收集处理
	规模以下畜禽养殖排污口	结合黑臭水体整治、消除劣V类水体、农村环境综合治理及流域（海湾）环境综合治理、畜禽养殖污染治理等要求，各地因地制宜确定整治完成判定条件
	规模以下水产养殖排污口	结合黑臭水体整治、消除劣V类水体、农村环境综合治理及流域（海湾）环境综合治理、水产养殖污染治理等要求，各地因地制宜确定整治完成判定条件
	城镇生活污水散排污口	污染物排放浓度应符合其适用的国家或地方污染物排放标准规定的浓度限值
	农村污水处理设施排污口	污染物排放浓度应符合其适用的国家或地方农村生活污水处理设施水污染物排放标准规定的浓度限值
	农村生活污水散排污口	结合黑臭水体整治、消除劣V类水体、农村环境综合治理及流域（海湾）环境综合治理等要求，各地因地制宜确定整治完成判定条件
	城镇雨洪排污口	分流制城镇雨洪排污口晴天有污水流出的：按照《室外排水设计标准》（GB 50014—2021）及《城市黑臭水体整治——排水口、管道及检查井治理技术指南（试行）》要求开展管网调查，整治混接错接管网；防止向雨水管网倾倒、排放污染物的行为

注：多排放源入河入海排污口，应同时满足各类排污口完成整治判定条件。

2. 污染来源确定错误

常见的错误情形：

（1）污染来源为雨水、山泉水或地下涌水等无污染类别，晴天排污水（图 5、图 6）。

图 5 污染来源为雨水的城镇雨洪排污口晴天排污水

图 6 污染来源为雨水的城镇雨洪排污口排水异常

（2）各类污水混排但污染来源仅写一种，如处理后工业废水中混有周边生活污水。

（3）其他明显确定错误的情况。

检查要点：可进入生态环境部或地方排污口管理系统中该排污口溯源模块，查看该排污口的“污染来源”，与现场情况进行比对，查看排污链条各环节是否准确、完整。城镇雨洪排污口，可结合监测结果查看是否混入污水。

3. 排污口分类错误

常见的排污口分类错误情形：

（1）矿山排污口、工业固体废物填埋场、工业废渣堆场、生活垃圾填埋场等向环境水体排放渗滤液等污水的口门未认定为工业排污口。

（2）通过城镇（园区）雨水收集管网、雨水汇流和行洪通道直接向环境水体排放雨洪水的口门未认定为城镇雨洪排污口。

（3）港口码头向环境水体排放生活污水、生产废水、雨洪水等的口门未认定为港口码头排污口。

检查要点：呼和浩特市、包头市、乌兰察布市、鄂尔多斯市、巴彦淖尔市、乌海市、阿拉善盟黄河干流区域入河排污口可对照生态环境执法局系统，按照《生态环境部办公厅关于印发〈长江、黄河和渤海入海（河）

排污口排查整治分类规则（试行）〉〈长江、黄河和渤海入海（河）排污口命名与编码规则（试行）〉〈长江、黄河和渤海入海（河）排污口标志牌设置规则（试行）〉的通知》（环办执法函〔2020〕718号）的要求，将排污口分为七大类15小类（表9）。其他流域和市（盟）排污口，可按照《入河入海排污口监督管理技术指南　排污口分类》（HJ 1312—2023）的规定，根据表10将排污口划分为四大类20小类。具体根据排污口的设置功能和现场污染来源核实。优先以该排污口设置功能分类（如城镇雨洪排污口、工业排污口、港口码头排污口），没有明确设置功能的根据污染源类别划分排污口类型。

表9　排污口分类

序号	大类	小类
1	工业排污口	生产废水排污口
2		生活污水排污口
3		厂区雨洪排污口
4	农业农村排污口	水产养殖排污口
5		畜禽养殖排污口
6		种植业排污口
7		农村生活污水排污口
8	城镇生活污水排污口	城镇污水集中处理设施排污口
9		生活污水排污口
10	港口码头排污口	生产废水排污口
11		生活污水排污口
12		雨洪排污口
13	城镇雨洪排污口	城镇雨洪排污口
14	沟渠、河港（涌）、排干等	沟渠、河港（涌）、排干等
15	其他排污口	其他排污口

注：1. 可根据工作需求，进一步细化排污口分类。
2. 对于污水混合排放的排污口，原则上应执行最严格排放标准的污水性质确定排污口类型。

表 10 入河入海排污口分类

序号	一级分类	二级分类	三级分类
1	工业排污口	工矿企业排污口	工业企业排污口
2			矿山排污口[1]
3			尾矿库排污口[2]
4		工矿企业雨洪排口	工业企业雨洪排污口
5			矿山雨洪排污口
6			尾矿库雨洪排污口[3]
7		工业及其他各类园区污水处理厂排污口	—
8		工业及其他各类园区污水处理厂雨洪排污口	—
9	城镇污水处理厂排污口	城镇污水处理厂排污口[4]	—
10	农业排污口	规模化畜禽养殖排污口	—
11		规模化水产养殖排污口	—
12	其他排污口	大中型灌区排污口	—
13		港口码头排污口[5]	—
14		规模以下畜禽养殖排污口	—
15		规模以下水产养殖排污口	—
16		城镇生活污水散排污口	—
17		农村污水处理设施排污口	—
18		农村生活污水散排污口	—
19		城镇雨洪排污口[6]	—
20		其他排污口	—

备注：1. 矿山排污口包括矿山开采过程中向环境水体排放矿山开采废水和矿井涌水的口门。矿山开采业在《国民经济行业分类》（GB/T 4754—2017）中大类代码为 06-12，包括煤炭开采和洗选业、石油和天然气开采业、黑色金属矿采选业、有色金属矿采选业、非金属矿采选业、开采专业及辅助性活动、其他采矿业。

2. 工业固体废物填埋场、工业废渣堆场、生活垃圾填埋场等向环境水体排放渗滤液等污水的口门参照尾矿库排污口进行管理。

3. 工业固体废物填埋场、工业废渣堆场、生活垃圾填埋场等向环境水体排放雨洪水的口门参照尾矿库雨洪排污口进行管理。

4. 接纳远离城镇、不能纳入污水收集系统的居民区、风景旅游区、度假村、疗养院、机场、铁路车站、医院、学校等，以及其他企事业单位或人群聚集地排水的集中处理设施向环境水体排放污水的口门参照城镇污水处理厂排污口进行管理。

5. 港口码头排污口包括港口码头向环境水体排放生活污水、生产废水、雨洪水等的口门。

6. 城镇雨洪排污口包括通过城镇（园区）雨水收集管网、雨水汇流和行洪通道直接向环境水体排放雨洪水的口门。

4. 责任主体确定错误

常见的责任主体确定错误情形：

（1）单一排放源未认定为企事业单位或其他生产经营者（工矿企业、养殖企业、港口码头、学校、商场等）——该企业未认定为企业。

（2）多排放源入河入海排污口，未划分各自责任——重点对多个责任主体。

（3）无法确定责任主体的，未由属地县级或地市级人民政府作为责任主体，且未指定责任主体——无责任主体。

检查要点：责任主体为企业、政府兜底或由其指定责任主体。

主要依据是否能溯源到具体企业，能分到企业的优先分到企业，无法分到企业的由政府兜底或由其指定责任主体。根据现场情况，与系统中溯源阶段填报的责任主体进行比对。

5. 整治类型错误

常见的整治类型错误情形：

（1）属于依法取缔的排污口清理合并。

（2）属于依法取缔的排污口规范整治。

（3）属于清理合并的排污口依法取缔。

（4）属于清理合并的排污口规范整治。

（5）属于规范整治的排污口依法取缔。

（6）属于规范整治的排污口清理合并。

检查要点：排污口整治分为依法取缔、清理合并、规范整治 3 种类型。依法取缔属于《入河入海排污口监督管理技术指南　整治总则》（HJ 1308—2023）规定的违法或影响防洪供水安全的情形；清理合并——清理取缔或合并保留（重点对工业口、城镇污水集中处理设施排污口、养殖类排污口）；规范整治——没有问题或有问题需要整治后保留。对照该排污口溯源信息和“一口一策”整治方案，核实现场情况。

存在以下情形之一的，对排污口予以取缔：

①在饮用水水源保护区内设置的；

②在风景名胜区水体、重要渔业水体和其他具有特殊经济文化价值的水体的保护区内设置的，或在自然保护区的核心区和缓冲区内设置的；

③在海洋自然保护区、重要渔业水域、海滨风景名胜区和其他需要特别保护的区域设置的；

④已设置的排污口不符合防洪要求、危害堤防安全的；

⑤其他违反法律、行政法规规定设置的。

存在以下情形之一的，对排污口进行清理合并：

①城镇污水收集管网覆盖范围内的生活污水散排污口；

②工业及其他各类园区或各类开发区内的工矿企业排污口；

③工业及其他各类园区或各类开发区外单个工矿企业的多个排污口。

存在以下情形之一的，对排污口予以规范整治：

①排污单位未按规定排放污水；

②排污通道不规范；

③口门建设不规范；

④影响水生态环境质量。

6. 依法取缔或清理合并后，原排污口依旧存在

常见的错误情形：

（1）系统填报已取缔，现场查看未取缔。

（2）分散的生活污水已接入城镇排水设施，原排污口依旧存在。

（3）工业及其他各类园区或各类开发区内企业污水已接入园区或开发区污水集中处理设施统一处理，原排污口依旧存在。

（4）集中连片的水产养殖已设置统一的排污口，原排污口依旧存在。

检查要点：对于封堵排污口，主要查看是否完全封堵，污水是否还有流出的可能。对于清理合并的排污口，主要查看是否原排污口污水已经改变去向，原排污口是否还存在。

7. 依法取缔或清理合并后，污水去向未妥善安置

常见的错误情形：

（1）排放电镀、化工、冶炼等含有毒有害污染物及重金属污水的排污口取缔后，相应排污通道内的残渣残液未按相关规定进行清理和处置。

（2）城镇污水收集管网覆盖范围内的生活污水散排污口，未按规定将污水排入城镇排水设施。

（3）工业及其他各类园区或各类开发区内企业现有排污口清理合并后，污水未规范接入园区或开发区污水集中处理设施。

（4）集中分布、连片聚集的规模以下水产养殖场，已设置统一排污口的未从该口集中排放。

检查要点：对于依法取缔或清理合并的排污口，除了现场查看排污口封堵情况，还要查找原污水去向，周边是否存在其他入河排污迹象，确保已经纳管或处理后合规排放。

8. 依法取缔或清理合并后，排污通道未拆除或未填埋

常见的错误情形：

（1）采用明渠直通河边的排污口，封堵后明渠依然存在。

（2）采用软管、塑料管等类型管道排污的排污口，封堵后管道依然存在（不包括地下管网）。

检查要点：口门封堵后，相应管涵等排污通道予以拆除，并采取土方回填、植被修复等方式恢复岸线原貌。现场检查时，需要沿原排污口查看原排污通道是否落实相关要求。

9. 依法取缔的，封堵不规范

常见的错误情形：

（1）口门采用泥土、砖块等材料临时封堵，水可以冲开。

（2）口门采用闸门等具备开关条件的措施封堵。

检查要点：口门封堵工程因地制宜选取适宜的水泥、砖石等材料进行封堵，而非堆土等简易措施，确保口门不再具备出流条件。需现场查看封堵口门的方式和材料是否能确保污水不流出（图 7）。

图 7　排污口封堵不彻底

10. 排污通道不规范

常见的错误情形：

（1）在排污口及其排污通道上违规搭接其他排污口。

（2）城镇雨洪排污口晴天有污水流出。

（3）排污通道出现“跑冒滴漏”、渗流等情形（图 8～图 11）。

（4）排污通道中有垃圾、淤泥等污物（图 12）。

图 8　排污通道存在破损

图 9　排污通道上私设阀门

图 10　排污通道存在污水溢流风险

图 11　排污通道存在外渗

图 12　排污通道有垃圾、淤泥

检查方法：沿排污口上溯，现场查看排污通道内是否存在支管口，是否存在破损、溢流、“跑冒滴漏”等情形。

11. 排污口附近有垃圾堆放等环境风险

检查要点：在目视范围内，垃圾积存、坠落或冲出排污口的，存在影响排水水质的可能（图 13）。

图 13　排污口附近有垃圾

12. 排污口附近有排污痕迹

常见的错误情形：

①排污口附近有排污痕迹（图 14）。

②排污口外有排污痕迹，疑似从其他通道排入该排污口，可能影响该排污口的水质（图 15）。

图 14　排污口附近有排污痕迹

图 15　排污口外有排污痕迹

13. 受纳水体有明显恶臭、水体颜色异常等情况

检查要点：现场凭感官判断，受纳水体颜色、嗅味异常（图 16），水面存在漂浮絮状物或泡沫。水生植物繁盛的、泥色的，可采取水样在光线明亮处迎光直接观察。

图 16　受纳水体颜色异常

14. 应设未设标志牌

常见的错误情形：

①现场没有发现标志牌，的确未竖立。

②现场没有发现标志牌，系统中上传了标志牌照片，标志牌丢失。

③标志牌没有按照《长江、黄河和渤海入海（河）排污口命名与编码规则》的要求设立，为 2020 年以前的老样式标志牌（图 17）。

检查要点：

①现场环顾排污口四周，查看在目之所及范围内是否竖立有标志牌。

②询问当地协查人员该排口是否竖有标志牌，并确认能够找到。

③观察标志牌样式是否符合《长江、黄河和渤海入海（河）排污口命名与编码规则（试行）》的要求（图 18、图 19），2020 年以后设立的标志牌，重点观察 3 个要素——标志（鱼）、文字、二维码。

图 17　老样式标志牌

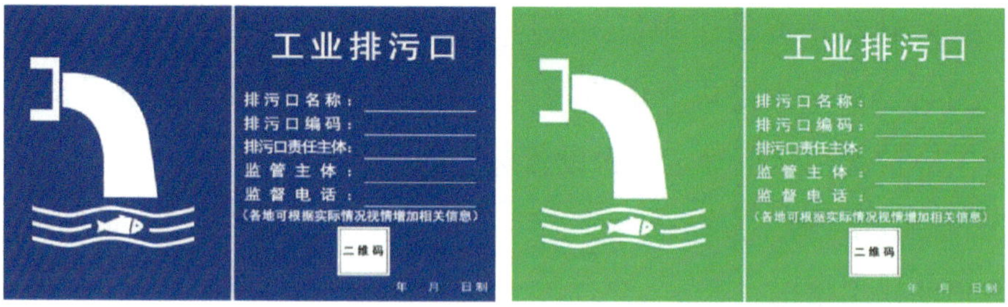

（单个排污口标志牌）

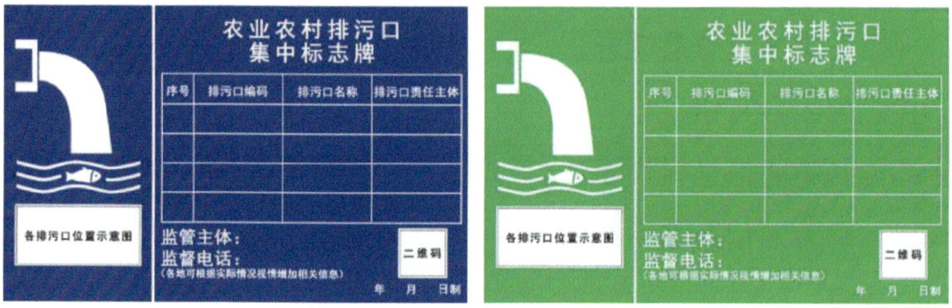

（同类型集中分布排污口标志牌）

图 18　标志牌参考样式

图 19　正确标志牌

根据《长江、黄河和渤海入海（河）排污口标志牌设置规则（试行）》的相关要求，工业排污口、污水集中处理设施排污口、规模化畜禽养殖排污口、工厂化水产养殖排污口、港口码头生产废水排污口、大型灌区退水口应设置标志牌。上述以外的排污口，各地可根据其排水状况及对环境的影响等实际情况，自行确定是否设置标志牌。

15. 标志牌设置不规范

常见的错误情形：

①单个排污口设置多个标志牌。

②标志牌牌面信息有缺失。

③标志牌内容有错误。

④标志牌牌面信息模糊不清。

⑤标志牌牌面信息与系统内不一致。

检查要点：

①观察标志牌信息能否看清。

②观察标志牌牌面信息是否完整。标志牌牌面信息：图形标志、文字信息和二维码。图形标志（图 20）。文字信息必有项包括排污口类型、排污口名称、排污口编码、排污口责任主体、监管主体和监督电话。

③核对标志牌牌面信息是否准确，如是否存在排污口类型错误、责任主体错误、监管主体错误、二维码关联信息错误等（图 21）。

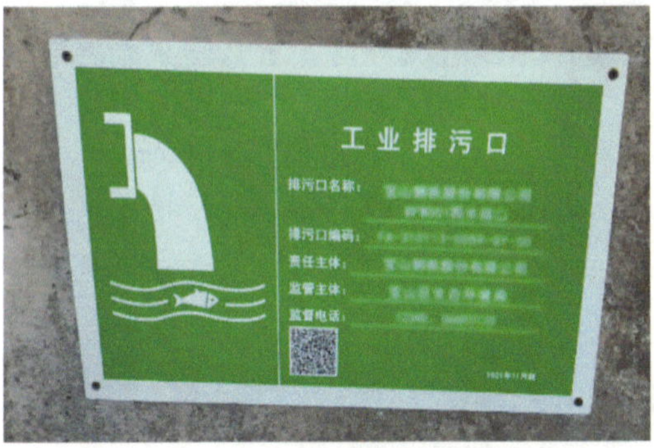

图 20　完整准确标志牌

图 21　标志牌信息不完整、信息错误

④进入环境监督执法系统中该排污口“溯源阶段”“整治阶段”模块，核实排污口类型、排污口名称、排污口编码、责任主体、监管主体 5 项内

容是否与现场标志牌内容一致（图 22、图 23）。

图 22　标志牌信息在系统中的位置（溯源 + 整治）

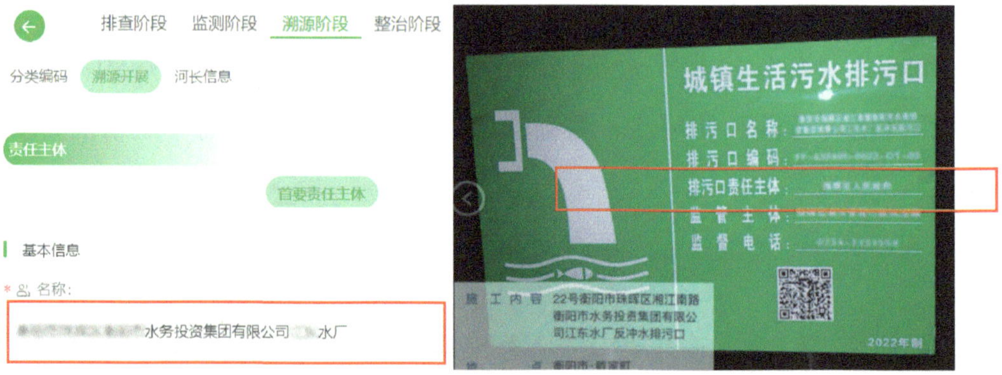

图 23　标志牌信息不一致

16. 应设未设监测采样点

常见的错误情形：

①入河排污口附近未见到监测采样点。

②将企业厂界内部总排污口监测采样点当作入河排污口监测采样点。

检查要点：

①确认是否属于工业排污口、城镇污水处理厂排污口、农业排污口及其他排污口中的港口码头排污口、大中型灌区排污口5类需要设置监测采样点的排污口。

②核实厂区（园区）外、污水入河前是否有该排污口的监测采样点。

《入河入海排污口监督管理技术指南　入河排污口规范化建设》（HJ 1309—2023）规定：工业排污口、城镇污水处理厂排污口、农业排污口以及其他排污口中的港口码头排污口、大中型灌区排污口设置标识牌、监测采样点。

17. 采样点设置不合理

常见的错误情形：

①采样点位置设置不合理。

②采样点监测断面不利于监测。

检查要点：

①监测采样点应设置在厂区（园区）外、污水入河前，能客观反映排污口排水水质（图24）。

②污水排放管道或渠道监测断面应为矩形、圆形、梯形等规则形状，具备采样的可行性和便利性。测流段水流应平直、稳定、有一定水位高度。

图24　设置合理的监测采样点

18. 应设未设检查井

检查要点：按照相关要求，采用管道形式排污且检修维护难的排污口，在口门附近应设置检查井。

图 25　城镇雨洪排污口上游检查井

19. 未建立排污口档案

检查要点：按照《入河入海排污口监督管理技术指南　入河排污口规范化建设》（HJ 1309—2023）的规定，各类排污口都需建立档案。但并未明确形式，故电子档案或纸质档案均可。

20. 排污口档案信息不规范

常见的错误情形：

（1）档案信息不全。

（2）档案信息与排污口信息不一致。

检查要点：

（1）查看是否存在该排污口涉及但无法提供的档案材料。

①排污口基本信息资料；

②排污口设置审批相关文件（包括申请文件或登记表、同意或不予同意设置决定书、管理部门盖章的证明文件、排污口设置论证报告等）；

③排污口监督检查资料；

④排污口监测资料；

⑤其他有关文件和资料。

（2）现场核实该入河排污口实际名称、编码、类型、地理坐标、排污方式、主要污染物种类、浓度和总量、达标排放情况及排放去向等与档案信息是否相符。

八、常用督察工具

生态环境部自启动入河排污口排查整治专项行动以来，便开发设计了线上填报系统，供地方人员填写入河排污口“排查—监测—溯源—整治”阶段信息，可在督察时作为工具使用：一是前期筛选线索。根据系统填报的数据，筛选前期问题突出且目前上报已整治完成的点位。二是现场比对检查。对照系统填报信息，检验地方工作开展的质量。

由于黄河干流由生态环境部执法局管理，其他流域由水生态环境司管理，对呼和浩特市、包头市、乌兰察布市、鄂尔多斯市、巴彦淖尔市、乌海市、阿拉善盟7个市（盟）黄河干流区域排污口开展督察，可使用生态环境监督执法局管理系统；对其他流域和市（盟）开展督察，可使用水生态环境司管理系统。

（一）生态环境监督执法局管理系统

生态环境监督执法局管理系统开发运维单位：生态环境部卫星环境应用中心。

1. 生态环境监督执法空间信息平台

登录网址：https://seemeewes.cn/zhzfpt/uavzfpt/login。

账号密码：账号申请由生态环境部卫星环境应用中心统一管理。内蒙古自治区生态环境厅与呼和浩特市、包头市、乌兰察布市、鄂尔多斯市、巴彦淖尔市、乌海市、阿拉善盟7个市（盟）负责相关工作的人员拥有账号信息，可自行登录使用。

主要功能：查看排污口基础信息。

生态环境监督执法空间信息平台登录界面和黄河流域入河排污口界面分别见图 26 和图 27。

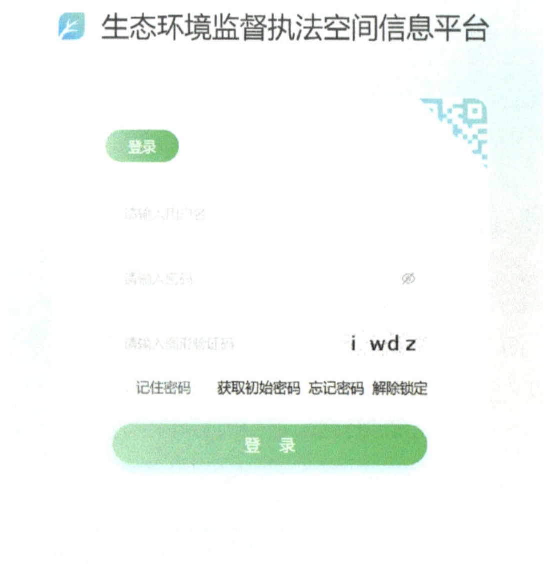

图 26　生态环境监督执法空间信息平台登录界面

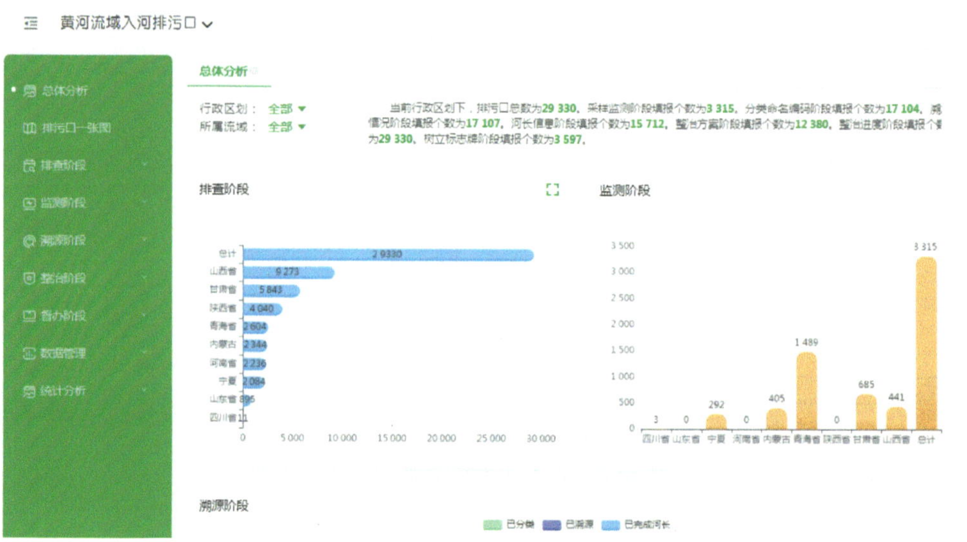

图 27　黄河流域入河排污口界面

操作说明（查看排污口基础信息）：

（1）找到内蒙古某市（盟）已整治完成的排污口清单（图 28）。

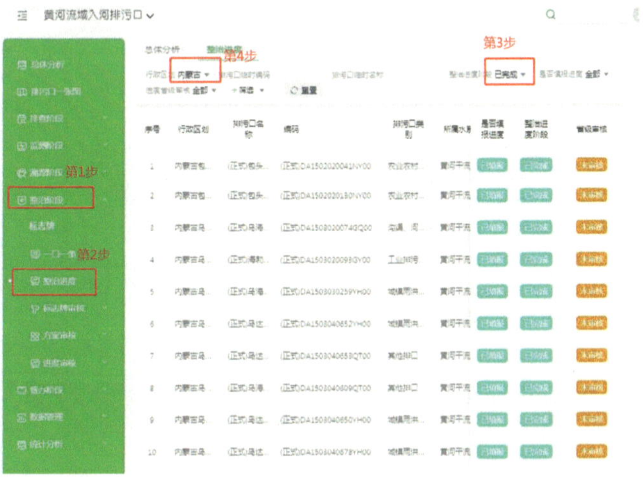

图 28　某市（盟）已整治完成的排污口清单

说明：点击左侧列表“整治阶段”——在下拉菜单选择“整治进度”——在右上角“整治进度阶段”中选择“已完成”——在左上角“行政区划”中选择内蒙古自治区具体市（盟）。

（2）查看某一具体排污口信息（图 29）。

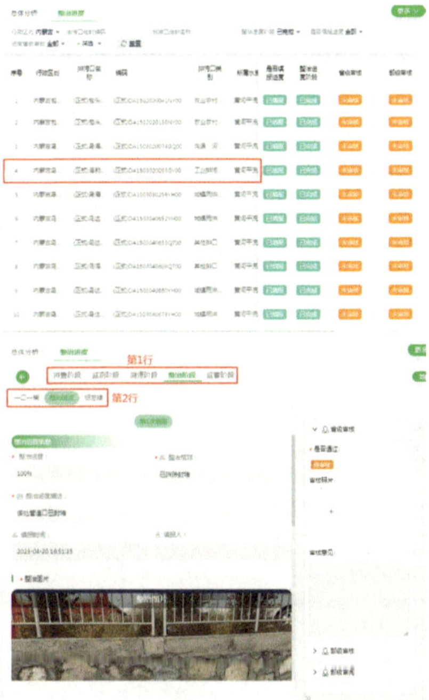

图 29　查看具体排污口信息

说明：选择需要查看的排污口——点击第 1 行，可以进入“排查阶段—监测阶段—溯源阶段—整治阶段”——点击第 2 行，可看到各阶段的填报信息。

2. 环境监督执法（手机 App 版）

适用系统：安卓（苹果手机目前不适用）

账号密码：账号申请由生态环境部卫星环境应用中心统一管理。内蒙古自治区生态环境厅与呼和浩特市、包头市、乌兰察布市、鄂尔多斯市、巴彦淖尔市、乌海市、阿拉善盟 7 个市（盟）负责相关工作的人员拥有账号信息，可自行登录使用。

主要功能：现场导航查找排污口、查看排污口基础信息。

环境监督执法登录界面、现场导航界面和排污口信息界面，见图 30～图 32。

图 30　环境监督执法登录界面

操作说明：

（1）现场导航查找排污口。

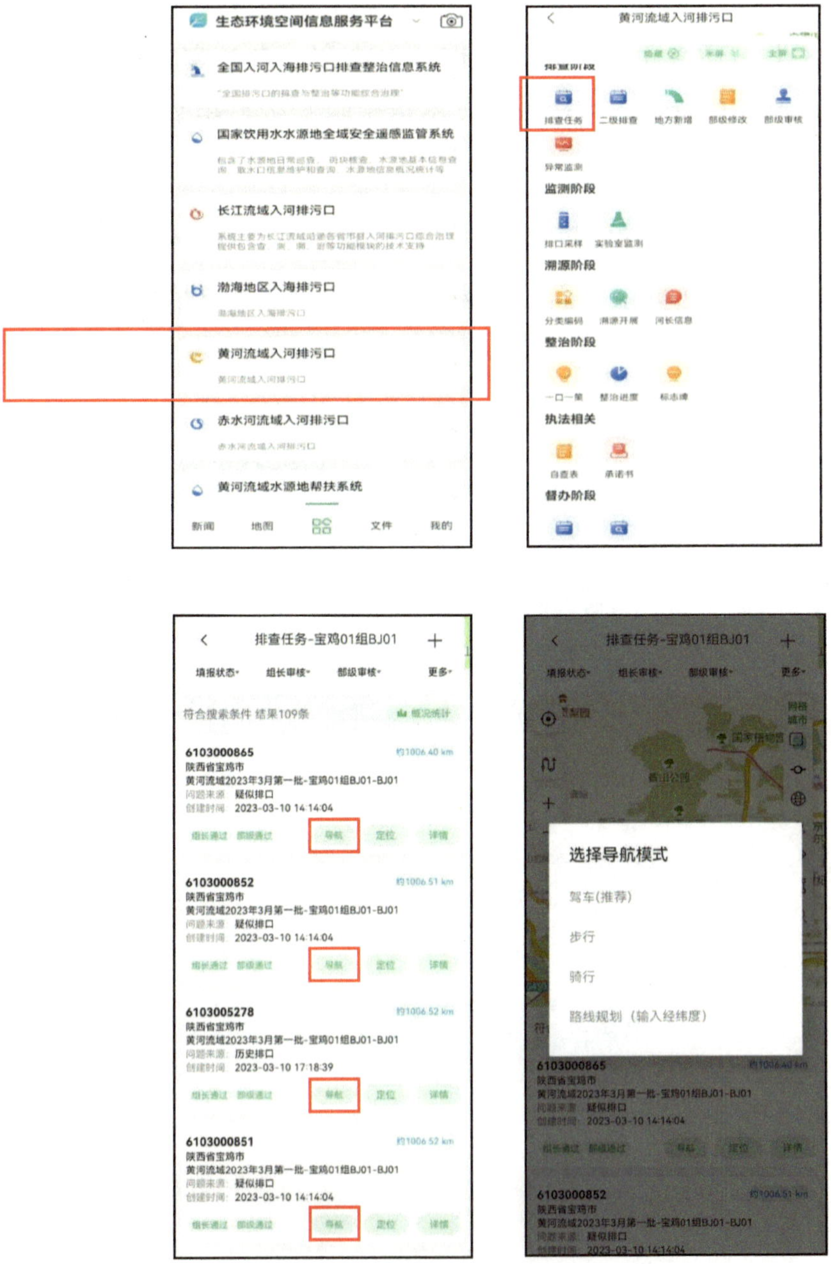

图 31　现场导航界面

说明：登录手机 App 后，点击下侧导航栏“应用中心”，点击“黄河流域入河排污口”，选择排查整治阶段（排查、监测、溯源、整治、执法、督办等），查找排污口，选择排污口信息中的“导航”，根据需要选择导航模式。

（2）查看排污口基础信息。

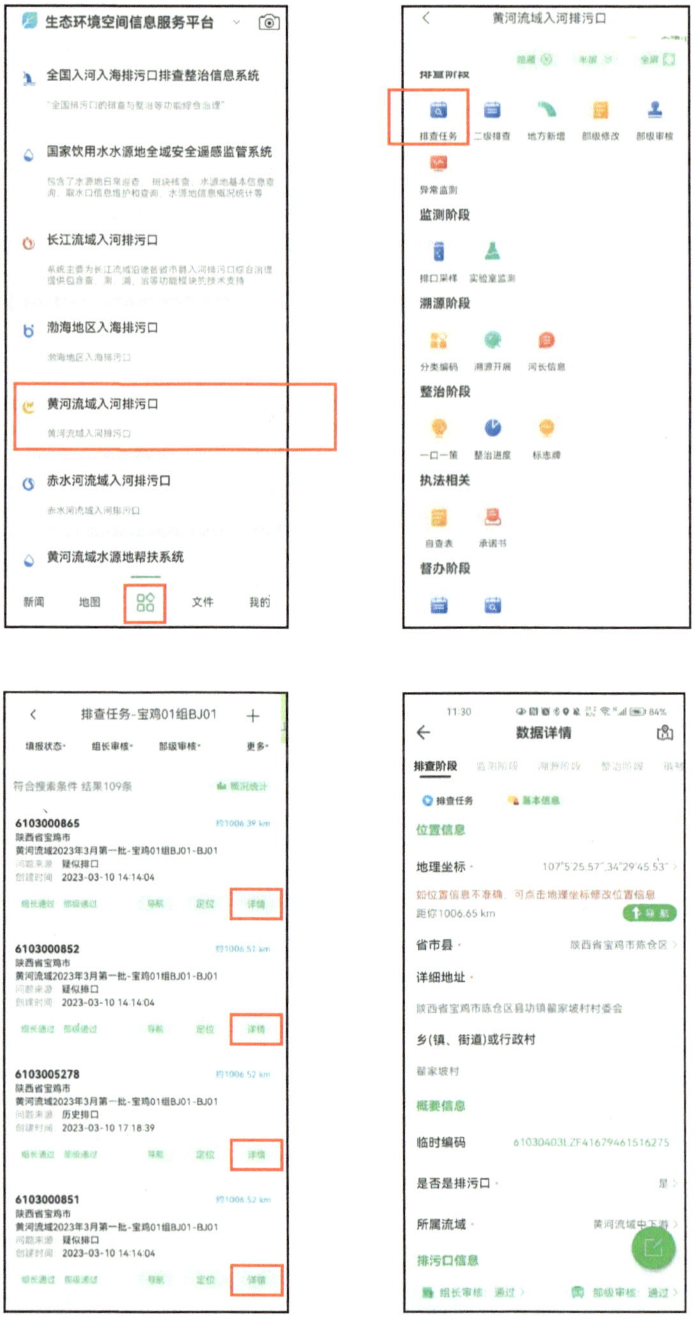

图 32　排污口信息界面

说明：登录手机 App 后，点击下侧导航栏“应用中心”，点击“黄河流域入河排污口”，选择排查整治阶段（排查、监测、溯源、整治、执法、督办等），查找排污口，选择排污口信息中的“详情”，查看排污口基本信息。

（二）水生态环境司管理系统

开发运维单位：生态环境部信息中心

全国排污口监督管理信息化平台

登录网址：http://gyy.water.mee.gov.cn/river

账号密码：账号申请由生态环境部信息中心统一管理。内蒙古自治区生态环境厅、各市（盟）负责相关工作的人员拥有账号信息，可自行登录使用。

主要功能：查看排污口基础信息、批量导出排污口数据。

全国排污口监督管理信息化平台登录界面见图 33。

图 33　登录界面

说明：进入全国排污口监督管理信息化平台首页，选择入河排污口下的“日常管理”。在页面中输入用户名、密码及验证码即可登录。

操作说明：

（1）查看排污口基础信息。

省级用户可以查看“待审批”“已退回”“已审批”排污口列表清单，并且可以对列表按照所在行政区、所属流域、排污口名称进行检索。同时省级用户可以对列表清单进行查看、通过、退回、删除、批量删除操作。点击“查看”，可查看一条排污口详细信息（图 34）。

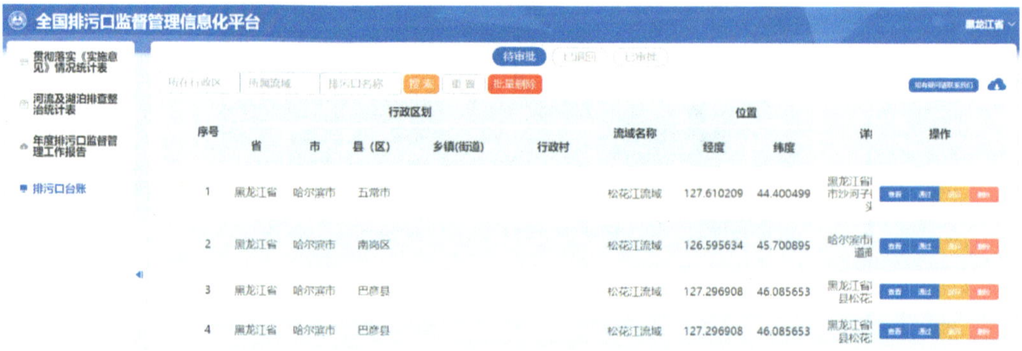

图 34　台账界面

（2）批量导出排污口数据。

点击“下载模板”或“导出数据”，选择保存位置，将模板或数据保存至指定位置，导出界面见图 35。

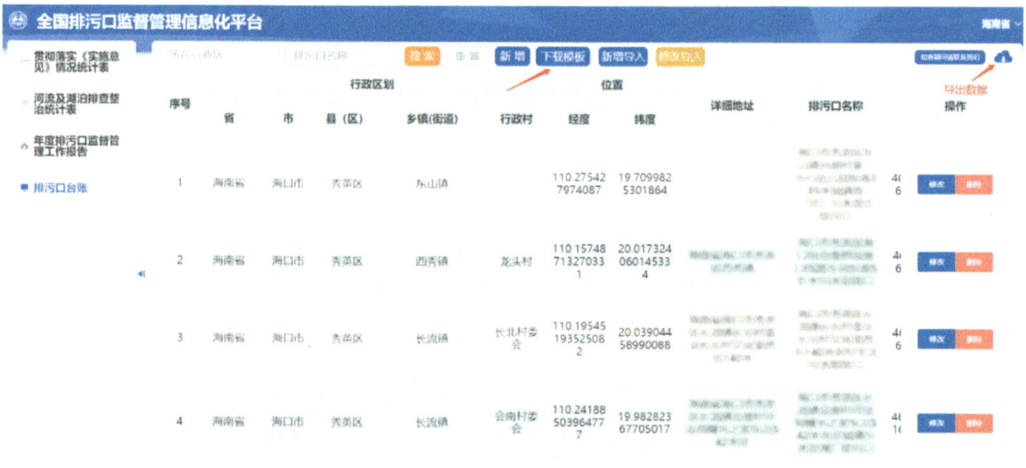

图 35　导出界面

九、西北地区常见入河排污口

（一）工业排污口

工业排污口见图 36～图 38。

图 36　西宁市湟源县某企业入湟水河排污口

图 37　兰州市榆中县方家泉村村办企业入柳沟河排污口

图 38　白银市靖远县某沙场入黄河排污口

（二）畜禽养殖排污口

畜禽养殖排污口见图 39～图 41。

图 39　呼和浩特市某公司东北侧围墙外坑塘

图 40　呼和浩特市某牧业有限责任公司污水收集池

图 41　某村养羊场东侧 20 m 低洼坑塘

（三）水产养殖排污口

水产养殖排污口见图 42～图 44。

图 42　包头市某养殖鱼塘溢流口

图 43　兰州市某入黄河口及滩涂上的农田鱼塘

图 44　临夏州某水库陆地养殖池排污口

（四）城镇污水处理厂排污口

城镇污水处理厂排污口见图 45～图 47。

图 45　呼和浩特市某污水处理厂东南 20 m 排污口

图 46　西宁市某污水处理厂入北川河排污口

图 47　兰州市榆中县某污水处理厂通过泄洪沟入黄河排污口

（五）大中型灌区排污口

大中型灌区排污口见图 48～图 50。

图 48　某黄河 2 号退水闸南侧西岸 280 m 退水口

图 49　某林场农田退水口

图 50　某农田退水口

（六）港口码头排污口

港口码头排污口见图 51。

图 51　临夏州某水库中某水上娱乐浮台

（七）城镇生活污水散排污口

城镇生活污水散排污口见图 52～图 56。

图 52　西宁市某生活污水入湟水河排污口

图 53　西宁市某地下暗涵出口及生活污水入铁骑沟排污口

图 54　兰州市某管网截污工程渗漏入元托峁沟排污口

图 55　兰州市某河大堤上生活污水排污口

图 56　乌海市某鱼塘退水口

（八）农村污水处理设施排污口

农村污水处理设施排污口见图 57、图 58。

图 57　巴彦淖尔市某村污水处理站排污口

图 58　巴彦淖尔市某村污水处理站排污口

（九）农村生活污水散排口

农村生活污水散排口见图 59～图 61。

图 59　巴彦淖尔市某村生活污水排污口

图 60　包头市某街排污口

图 61　鄂尔多斯市某饭店西侧 20 m 厨房排污口

（十）城镇雨洪排污口

城镇雨洪排污口见图 62～图 64。

图 62　呼和浩特市某中学排洪口

图 63　包头市某花园对面桥下排污口

图 64　甘德卡某河北岸雨水口

十、常见的错误情形一览表

常见的错误情形一览表如表 11 所示。

表 11　常见的错误情形一览表

序号	现场问题	常见的错误情形
1	污染来源确定错误	①污染来源只有雨水、山泉水或地下涌水等无污染类别，晴天排污水。 ②各类污水混排但污染来源仅写一种，如处理后工业废水中混有周边生活污水。 ③其他明显确定错误的情况

续表

序号	现场问题	常见的错误情形
2	排污口分类错误	①矿山、工业固体废物填埋场、工业废渣堆场、生活垃圾填埋场等向环境水体排放渗滤液等污水的口门未认定为工业排污口。 ②通过城镇（园区）雨水收集管网、雨水汇流和行洪通道直接向环境水体排放雨洪水的口门未认定为城镇雨洪排口。 ③港口码头向环境水体排放生活污水、生产废水、雨洪水等的口门未认定为港口码头排口
3	责任主体确定错误	①单一排放源未认定为企事业单位或其他生产经营者（工矿企业、养殖企业、港口码头、学校、商场等）多排放源入河入海排污口，未划分各自责任。 ②无法确定责任主体，以及未由属地县级或地市级人民政府作为责任主体且未指定责任主体
4	整治类型错误	①属于依法取缔的排污口清理合并。 ②属于依法取缔的排污口规范整治。 ③属于清理合并的排污口依法取缔。 ④属于清理合并的排污口规范整治。 ⑤属于规范整治的排污口依法取缔。 ⑥属于规范整治的排污口清理合并
5	依法取缔或清理合并后，原排污口依旧存在	①系统填报已取缔，现场查看未取缔。 ②分散的生活污水已接入城镇排水设施，原排口依旧存在。 ③工业及其他各类园区或各类开发区内企业污水已接入园区或开发区污水集中处理设施统一处理，原排口依旧存在。 ④集中连片的水产养殖已设置统一的排污口，原排口依旧存在
6	依法取缔或清理合并后，污水去向未妥善安置	①排放电镀、化工、冶炼等含有毒有害污染物及重金属污水的排污口取缔后，相应排污通道内的残渣、残液未按相关规定进行清理和处理处置。 ②城镇污水收集管网覆盖范围内的生活污水散排口未按规定将污水排入城镇排水设施。 ③工业及其他各类园区或各类开发区内企业现有排污口清理合并后，污水未规范接入园区或开发区污水集中处理设施。 ④集中分布、连片聚集的规模以下水产养殖场，已设置统一排污口的未从该口集中排放

续表

序号	现场问题	常见的错误情形
7	依法取缔或清理合并后，排污通道未拆除或填埋	①采用明渠直通河边的排口封堵后明渠依旧存在。 ②采用软管、塑料管等类型管道排污的排口封堵后管道依旧存在（不包括地下管网）
8	依法取缔的，封堵不规范	①口门采用泥土、砖块等材料临时封堵，水可以冲开。 ②口门采用闸门等具备开关条件的措施封堵
9	排污通道不规范	①在排污口及其排污通道上违规搭接其他排口。 ②城镇雨洪排口晴天有污水流出。 ③排污通道出现“跑冒滴漏”、渗流等情形。 ④排污通道中有垃圾、淤泥等污物
10	—	排污口附近有垃圾堆放等环境风险
11	排污口附近有排污痕迹	①排污痕迹疑似从排口流出。 ②排污痕迹疑似从其他通道排入，可能影响该排口水质
12	—	受纳水体有明显恶臭、水体颜色异常等情况
13	应设未设标志牌	①现场没有发现标志牌，的确未竖立。 ②现场没有发现标志牌，系统中上传了标志牌照片，标志牌丢失。 ③标志牌没有按照环办执法函〔2020〕718号要求设立，为2020年以前的老样式标志牌
14	标志牌设置不规范	①单个排污口设置多个标志牌。 ②标志牌牌面信息有缺失。 ③标志牌内容有错误。 ④标志牌牌面信息模糊不清。 ⑤标志牌牌面信息与系统内不一致
15	应设未设监测采样点	①入河排污口附近未见监测采样点。 ②工业排污口将企业厂界内部总排口监测采样点当作入河排污口监测采样点
16	采样点设置不合理	①采样点位置设置不合理。 ②采样点监测断面不利于监测
17	—	应设未设检查井
18	—	未建立档案
19	档案信息不规范	①档案信息不全。 ②档案信息与排污口不一致

十一、相关参考文件

（一）政策类文件

1. 入河排污口监督管理办法

2. 国务院办公厅关于加强入河入海排污口监督管理工作的实施意见（国办函〔2022〕17号）

3. 生态环境部办公厅、水利部办公厅联合印发《关于贯彻落实〈国务院办公厅关于加强入河入海排污口监督管理工作的实施意见〉的通知》（环办水体〔2022〕34号）

4.《生态环境部办公厅关于印发〈黄河流域入河排污口排查整治专项行动工作计划〉的函》（环办执法函〔2021〕134号）

5.《内蒙古自治区人民政府办公厅关于印发自治区加强入河排污口排查整治和监督管理工作方案的通知》（内环办〔2022〕94号）

6. 内蒙古自治区生态环境厅印发《关于印发黄河流域入河排污口排查整治专项行动工作方案的通知》（内环办〔2021〕73号）

7.《内蒙古自治区生态环境厅关于现阶段加强入河排污口监督管理有关事项的通知》（内环发〔2021〕130号）

8. 内蒙古自治区生态环境厅《关于推进入河排污口排查整治工作的通知》（内环办〔2023〕106号）

9.《内蒙古自治区生态环境厅关于进一步扎实推进黄河流域入河排污口排查整治工作的函》（内环函〔2022〕404号）

10.《内蒙古自治区加强入河排污口排查整治和监督管理工作方案》

（二）技术类文件

1.《入河（海）排污口三级排查技术指南》（HJ 1232—2021）

2.《长江、黄河和渤海入海（河）排污口排查整治分类规则（试行）》

3.《长江、黄河和渤海入海（河）排污口标志牌设置规则（试行）》

4.《入河入海排污口监督管理技术指南　排污口分类》（HJ 1312—2023）

6.《入河入海排污口监督管理技术指南　溯源总则》（HJ 1313—2023）

7.《入河入海排污口监督管理技术指南　整治总则》（HJ 1308—2023）

8.《入河入海排污口监督管理技术指南　入河排污口规范化建设》（HJ 1309—2023）

9.《入河入海排污口监督管理技术指南　名词术语》（HJ 1310—2023）

10.《入河入海排污口监督管理技术指南　监测》（HJ 1387—2024）

自动监控设施篇

一、编制背景

中央生态环境保护督察是习近平总书记亲自谋划、亲自部署、亲自推动的重大体制创新和重大改革举措，是贯彻落实习近平生态文明思想的硬招、实招和制度保障。作为党中央、国务院推进生态文明建设和环境保护工作的一项重大制度安排，自 2015 年 12 月启动河北省督察试点起，已完成 31 个省（区、市）和新疆生产建设兵团的两轮环保督察全覆盖，2023 年 11 月，第三轮第一批 5 个省的中央生态环境保护督察陆续进驻。中央生态环境保护督察从无到有、持续推进，解决了一大批长期想解决而未能解决的问题。

真实、准确的污染源自动监测数据可以反映企业环境基础设施建设和运行情况，自 2016 年起，党中央、国务院加快构建以排污许可制为核心的固定污染源监管制度体系。2017 年，污染防治攻坚中自动监控在非现场执法领域发挥突出作用。于 2021 年 3 月 1 日起施行的《排污许可管理条例》明确，自动监测设备的监测数据“可以作为判定污染物排放浓度是否超过许可排放浓度的证据”；自 2023 年 7 月 1 日起施行的《生态环境行政处罚办法》进一步扩展了应用领域，提出“经过标记的自动监测数据，可以作为认定案件事实的证据”，即自动监测数据已经不仅仅局限于达标排放的认定。随着自动监测数据在生态环境执法监管上发挥越来越重要的作用，自动监测数据弄虚作假问题越发突出。

2022 年 3 月，中央第三生态环境保护督察组督察内蒙古自治区时指出，一些地方环境检测第三方造假问题突出，某水务公司指使第三方运维公司将配置好的“合格污水”接入监测设备，干扰自动监测设施，伪造监测数据。2023 年 2 月和 6 月，生态环境部部长分别赴河南、宁夏开展突击检查，发现多家企业存在自动监测数据造假等违法违规问题。在生态环境部 6 月例行新闻发布会上，时任生态环境部生态环境执法局局长也表示，“要坚持以‘零容忍’态度打击环保数据造假行为”，将污染源自动监控数据造假行为纳入督察范围迫在眉睫。

省级生态环境保护督察作为中央生态环境保护督察的延伸和补充，将打击以篡改、伪造监测数据为主要手段逃避生态环境监管的环境违法犯罪行为纳入内蒙古自治区生态环境督察范围，可以推动有关部门和责任单位打击自动监控数据造假行为，压实地方人民政府主体责任，从而改善黄河生态环境质量，满足人民群众日益增长的对优美生态环境的需要。

二、适用范围

《内蒙古自治区生态环境保护督察污染源自动监控设施现场督察工作技术指南》（以下简称《自动监控设施现场督察工作技术指南》）明确了自动监测设施现场督察事项、各级政府和部门的责任等内容。适用于内蒙古自治区开展自动监控领域的生态环境督察。

三、编制依据

（一）法律法规和国务院文件

《中华人民共和国环境保护法》

《中华人民共和国大气污染防治法》

《中华人民共和国环境保护税法》

《中华人民共和国水污染防治法》

《国务院办公厅关于印发生态环境监测网络建设方案的通知》（国办发〔2015〕56号）

《最高人民法院、最高人民检察院关于办理环境污染刑事案件适用法律若干问题的解释》（法释〔2023〕7号）

《中共中央办公厅　国务院办公厅印发〈关于深化环境监测改革提高环

境监测数据质量的意见〉（厅字〔2017〕35号）

《中华人民共和国环境保护税法实施条例》

《排污许可管理条例》（中华人民共和国国务院令　第736号）

（二）污染源自动监控相关规章文件

《污染源自动监控管理办法》（国家环境保护总局令　第28号）

《关于印发〈污染源自动监控设施运行管理办法〉的通知》（环发〔2008〕6号）

《污染源自动监控设施现场监督检查办法》（环境保护部令　第19号）

《关于印发〈污染源自动监控设施现场监督检查技术指南〉的通知》（环办〔2012〕57号）

《关于印发〈行政主管部门移送适用行政拘留环境违法案件暂行办法〉的通知》（公治〔2014〕853号）

《关于印发〈环境监测数据弄虚作假行为判定及处理办法〉的通知》（环发〔2015〕175号）

《生活垃圾焚烧发电厂自动监测数据应用管理规定》（生态环境部令　第10号）

《关于发布〈生活垃圾焚烧发电厂自动监测数据标记规则〉的公告》（公告2019年　第50号）

《关于印发〈固定污染源废气中非甲烷总烃排放连续监测技术指南（试行）〉的通知》（环办监测函〔2020〕90号）

《生态环境行政处罚办法》（生态环境部令　第30号）

（三）自动监控领域标准规范

信息技术类：

《环境污染源自动监控信息传输、交换技术规范（试行）》（HJ/T 352—2007）

《污染物在线自动监控（监测）系统数据传输标准》（HJ 212—2017）

监测技术类：

《固定污染源烟气（SO_2、NO_x、颗粒物）排放连续监测系统技术要求及检测方法》（HJ 76—2017）

《固定污染源烟气（SO_2、NO_x、颗粒物）排放连续监测技术规范》（HJ 75—2017）

《固定污染源废气非甲烷总烃连续监测系统技术要求及检测方法》（HJ 1013—2018）

《水污染源在线监测系统（COD_{Cr}、NH_3-N 等）安装技术规范》（HJ 353—2019）

《水污染源在线监测系统（COD_{Cr}、NH_3-N 等）验收技术规范》（HJ 354—2019）

《水污染源在线监测系统（COD_{Cr}、NH_3-N 等）运行技术规范》（HJ 355—2019）

《水污染源在线监测系统（COD_{Cr}、NH_3-N 等）数据有效性判别技术规范》（HJ 356—2019）

《化学需氧量（COD_{Cr}）水质在线自动监测仪技术要求及检测方法》（HJ 377—2019）

《固定污染源废气　非甲烷总烃连续监测技术规范》（HJ 1286—2023）

四、术语定义

（一）污染源自动监控设施

污染源自动监控设施是指在污染源现场安装的用于监控、监测污染物排放的在线自动监测仪、流量（速）计、污染治理设施运行记录仪和数据采集传输仪器、仪表等设施。

（二）水污染源自动监控设施

水污染源自动监控设施是指在污染源现场安装的用于监控、监测废水污染物排放的化学需氧量（COD）自动监测仪、总有机碳（TOC）水质自动分析仪、紫外（UV）吸收水质自动监测仪、流量监测仪和数据采集传输仪，以及 pH 水质自动分析仪、氨氮水质自动分析仪、重金属自动分析仪、水质自动分瓶采样器等设施。

（三）烟气排放连续监测系统

烟气排放连续监测系统是指连续监控、监测烟气中颗粒物和（或）气态污染物及烟气排放参数的设施。一般由采样、监测、数据采集与处理子系统组成。

采样系统：采集、输送烟气或使烟气与测试系统隔离。

监测系统：测定烟气中颗粒物、气态污染物浓度、氧含量和烟气温度、压力、流量或流速等参数。

数据采集与处理系统：采集并处理数据，生成图谱、报表，具有控制、自动操作功能。

（四）不正常运行

不正常运行是指污染源自动监控设施不能正常工作，导致监测数据超出误差范围，不能真实反映污染源排放情况，且对排污单位有利。

（五）弄虚作假

弄虚作假是指故意违反或不执行自动监控设施安装、运行、维护、管理工作的相关规定和技术要求，擅自改变自动监控设施的硬件、软件和工作方式，以及采取影响自动数据真实性的其他手段，导致污染源自动监控设施不能正常运行。

（六）污染源自动监控设施登记备案

污染源自动监控设施登记备案是指排污单位或其他污染源自动监控设施所有权单位将污染源自动监控设施有关情况向有管辖权的生态环境主管部门的监督检查机构登记备案。

五、督察对象与责任划分

根据不同督察对象的责任事项，按照生态环境主管部门、其他部门及排污单位进行分类。不同督察对象相关部门责任划分见表 1、表 2。

表 1　不同督察对象相关部门责任划分

<table>
<tr><th>部门</th><th>责任事项</th><th>相关依据</th><th>技术支持</th></tr>
<tr><td rowspan="3">自治区生态环境厅</td><td>统筹管理全区污染源自动监控工作，安排、调整重点监控企业的监督管理责任。
总装机容量 30 万 kW 以上火电厂（包括热电联产电厂）的污染源自动监控系统监督管理工作由自治区生态环境厅负责</td><td>《内蒙古自治区污染源自动监控管理实施办法（暂行）》《各级党委和政府及自治区有关部门生态环境保护责任清单》</td><td>—</td></tr>
<tr><td>制定有关管理办法、工作制度和技术规范</td><td>《内蒙古自治区污染源自动监控管理实施办法（暂行）》</td><td>司法部门</td></tr>
<tr><td>定期对市（盟）生态环境局的污染源自动监控系统监督管理工作进行抽查，对发现的问题及时予以纠正，必要时重新核定自动监测数据</td><td>《内蒙古自治区污染源自动监控管理实施办法（暂行）》《内蒙古自治区重点污染源自动监控数据管理办法》</td><td>—</td></tr>
<tr><td>市（盟）生态环境局</td><td>负责重点监控企业（除自治区生态环境厅负责监控的企业外）的污染源自动监控系统监督管理工作</td><td>《内蒙古自治区污染源自动监控管理实施办法（暂行）》</td><td>—</td></tr>
<tr><td>自治区生态环境执法总队</td><td>对自治区生态环境厅负责监控企业的违法排污行为及自动监控设施建设运行中发生的违规行为实施处罚</td><td>《内蒙古自治区污染源自动监控管理实施办法（暂行）》</td><td>公安部门、检察院、法院、市场监督管理部门</td></tr>
</table>

续表

部门	责任事项	相关依据	技术支持
市（盟）生态环境执法支队	对市（盟）生态环境局负责监控企业的违法排污行为及自动监控设施建设运行中发生的违规行为实施处罚	《内蒙古自治区污染源自动监控管理实施办法（暂行）》	公安部门、检察院、法院、市场监督管理部门
自治区监控中心	协调指导全区各市（盟）监控中心的工作。负责对全区自动监控数据管理工作的指导、监督与检查	《内蒙古自治区污染源自动监控管理实施办法（暂行）》《内蒙古自治区重点污染源自动监控数据管理办法》	—
	对自治区生态环境厅负责监控的企业开展以下工作：核实自动监控系统联网是否符合国家有关技术规范，监督数据传输网络联通稳定性	《内蒙古自治区污染源自动监控管理实施办法（暂行）》	—
	统一汇总分析全区污染源自动监测数据的监控成果，定期报送自治区生态环境厅	《内蒙古自治区污染源自动监控管理实施办法（暂行）》	—
市（盟）监控中心	对市（盟）生态环境局负责监控企业开展以下工作：核实自动监控系统联网是否符合国家有关技术规范，监督数据传输网络联通稳定性	《内蒙古自治区污染源自动监控管理实施办法（暂行）》	—
	市（盟）生态环境局监控企业的数据监控和分析，每天向市（盟）生态环境局及自治区监控中心报送前一日数据监控成果	《内蒙古自治区污染源自动监控管理实施办法（暂行）》	—
	对本辖区监控基站运行实施统一监管和考核，负责辖区内重点污染源基本信息的填报和上传的自动监控数据的汇集、处理、审核和管理	《内蒙古自治区重点污染源自动监控数据管理办法》	—
	对全区污染源自动监测设备通过验收的资料和每季度通过监督考核的资料进行统一备案	《内蒙古自治区污染源自动监控管理实施办法（暂行）》	—

注：乌海及鄂尔多斯的现场检查工作由当地监控中心负责。

表 2　其他部门及排污单位责任划分

部门	责任事项	相关依据	技术支持
人民法院	审理环境资源类刑事案件、民事案件	《各级党委和政府及自治区有关部门生态环境保护责任清单》	人民检察院、公安部门、生态环境主管部门
人民检察院	负责对生态环境刑事案件依法审查批准逮捕、提起公诉	《各级党委和政府及自治区有关部门生态环境保护责任清单》	生态环境主管部门
市场监督管理部门	①负责对因生态环境违法行为被责令停业、关闭的各类市场主体，依法办理变更、注销和吊销其营业执照。 ②负责组织拟定生态环境地方标准并组织实施。 ③负责环境监测装置、仪器、仪表等计量器具的检定和监督工作	《各级党委和政府及自治区有关部门生态环境保护责任清单》	生态环境主管部门
司法行政机关	负责审查各部门报送自治区政府的生态环境保护方面的地方性法规、规章草案，对涉及生态环境保护的地方性法规、规章开展备案审查	《各级党委和政府及自治区有关部门生态环境保护责任清单》	生态环境主管部门
科技部门	促进生态环境保护产学研结合，推动生态环境保护重大科技成果转化和示范应用，加强大数据、人工智能、卫星遥感等高新技术在环境监测和环境质量管理中的应用	《各级党委和政府及自治区有关部门生态环境保护责任清单》	生态环境主管部门
公安部门	组织指导依法侦办涉嫌生态环境犯罪案件，依法查处涉嫌生态环境违法适用行政拘留处罚案件及阻碍生态环境领域依法执行职务的违法犯罪行为	《各级党委和政府及自治区有关部门生态环境保护责任清单》	生态环境主管部门
财政部门	负责统筹做好生态环境保护工作经费的预算安排，保障生态环境保护部门行政执法、监测监察和科技支撑体系建设等资金	《各级党委和政府及自治区有关部门生态环境保护责任清单》	生态环境主管部门

续表

部门	责任事项	相关依据	技术支持
税务部门	依法履行环境保护税征收管理工作	《各级党委和政府及自治区有关部门生态环境保护责任清单》	生态环境主管部门
要求实施自动监控的排污单位	按照有关规定建设规范化的排污口	《内蒙古自治区污染源自动监控管理实施办法（暂行）》	生态环境主管部门
	按照有关规定购买、安装和使用污染源自动监测设备，并负责与生态环境主管部门的联网	《内蒙古自治区污染源自动监控管理实施办法（暂行）》《各级党委和政府及自治区有关部门生态环境保护责任清单》	生态环境主管部门、市场监督管理部门
	承担污染源自动监测设备及自动监测数据传输的运行维护职责，确保自动监测数据与生态环境主管部门的稳定联网	《内蒙古自治区污染源自动监控管理实施办法（暂行）》	生态环境主管部门
	对由生态环境主管部门安装的其他各种自动监控设施负有看护职责，并提供必要的工作环境和条件，对因故意、过失或疏忽造成的自动监控设施损毁负责	《内蒙古自治区污染源自动监控管理实施办法（暂行）》	—
	按照《内蒙古自治区重点监控企业污染源自动监测数据有效性审核实施办法》的规定，完成污染源自动监测设备在验收和每季度监督考核中应承担的各项工作	《内蒙古自治区污染源自动监控管理实施办法（暂行）》	生态环境主管部门
	按照规范要求完成污染源自动监测设备在验收和每季度监督考核中的比对监测	—	生态环境主管部门

六、督察方式

根据督察要求，自动监控督察工作方式主要为资料检查与现场检查相结合，可按照“看资料—查系统—去现场—找问题—厘责任—写报告”开展督察工作（图1）。

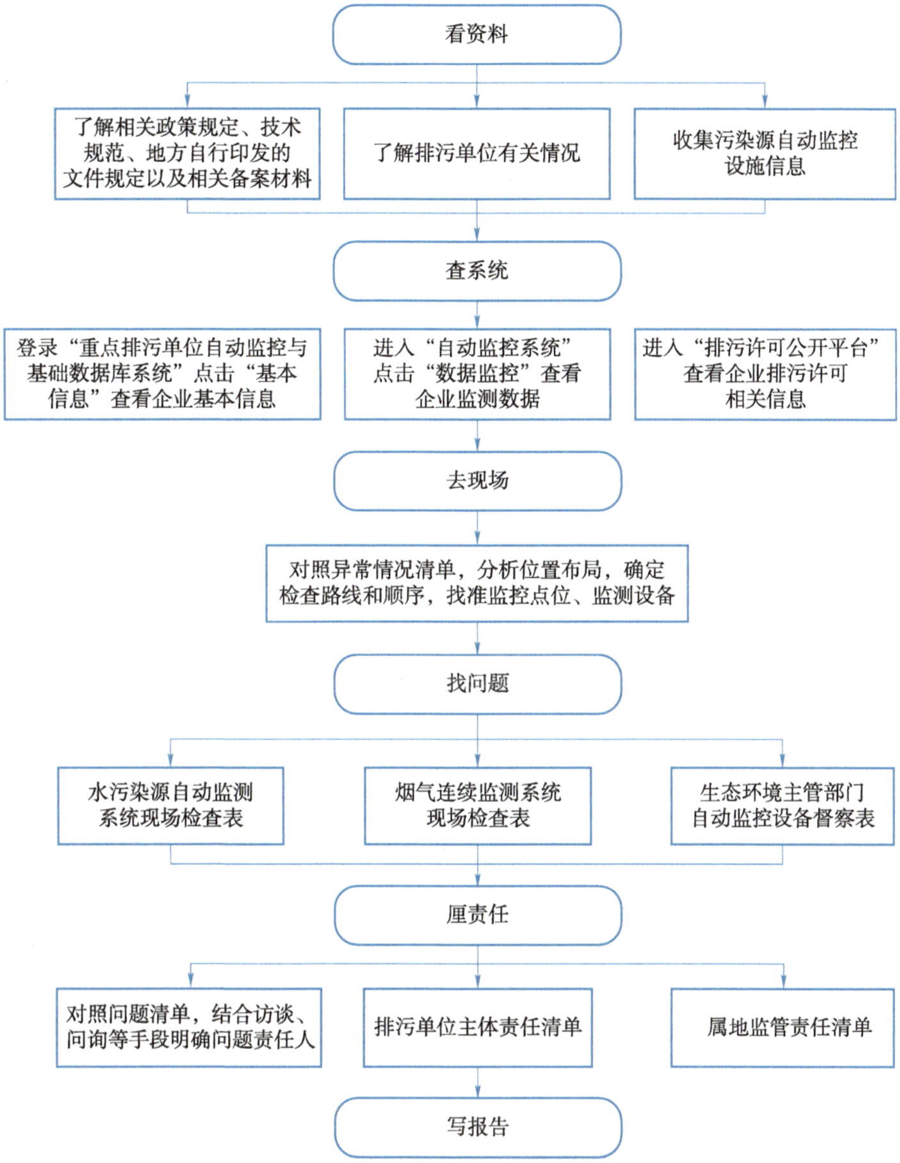

图 1　自动监控督察流程

(一) 看资料

在开展自动监控督察之前，需要提前熟悉和了解相关政策规定、技术规范、地方自行印发的文件规定以及相关备案材料，对自动监控监督管理工作要求有充分的了解和认识，对相关文件制定、职责分工划分等情况的落实进行初判。具体包括顶层要求文件和需要地方提供的资料两类（表 3）。

表 3　需要学习调阅的资料清单

序号	来源	清单
1	提前学习	《环境保护部关于印发〈污染源自动监控设施运行管理办法〉的通知》（环发〔2008〕6 号）
2		《关于加快重点行业重点地区的重点排污单位自动监控工作的通知》（环办环监〔2017〕61 号）
3		《生态环境部关于做好污染物排放自动监测设备标记规则相关工作的通知》（环办执法函〔2022〕373 号）
4		《内蒙古自治区污染源自动监控管理实施办法（暂行）》（内环办〔2009〕174 号）
5		《固定污染源烟气（SO_2、NO_x、颗粒物）排放连续监测系统技术要求及检测方法》（HJ 76—2017）
6		《固定污染源烟气（SO_2、NO_x、颗粒物）排放连续监测技术规范》（HJ 75—2017）
7		《固定污染源自动监控（监测）系统现场端建设技术规范》（T/CAEPI 11—2017）
8		《固定污染源废气非甲烷总烃连续监测系统技术要求及检测方法》（HJ 1013—2018）
9		《水污染源在线监测系统（COD_{Cr}、NH_3-N 等）安装技术规范》（HJ 353—2019）
10		《水污染源在线监测系统（COD_{Cr}、NH_3-N 等）验收技术规范》（HJ 354—2019）
11		《水污染源在线监测系统（COD_{Cr}、NH_3-N 等）运行技术规范》（HJ 355—2019）
12		《污染物在线自动监控（监测）系统数据传输标准》（HJ 212—2017）
13		《固定污染源废气　非甲烷总烃连续监测技术规范》（HJ 1286—2023）
14		《关于做好重点单位自动监控安装联网相关工作的通知》（环办执法函〔2021〕484 号）
15	向省级部门调阅资料	《内蒙古自治区重点污染源自动监控数据管理办法》
16		内蒙古自治区重点污染源管理相关文件
17	向地方及以下部门调阅资料	重点污染源专项检查工作方案
18		重点污染源监督性监测报告
19		重点污染源自动监测设备登记备案表
20		重点污染源自动监测设备故障停运申请表

（二）查系统

登录“a”（以下简称国发软件），进入“自动监控系统”点击“基本信息”填写企业名称并搜索，通过图中“3”指向的按钮，切换基本信息展示模式，如图 2 所示。

图 2　排污单位基础信息查询

点击该企业要自动监测的污染物，如“化学需氧量”，查看该项污染物的排放标准是否与“排污许可公开平台”保持一致（图 3）。

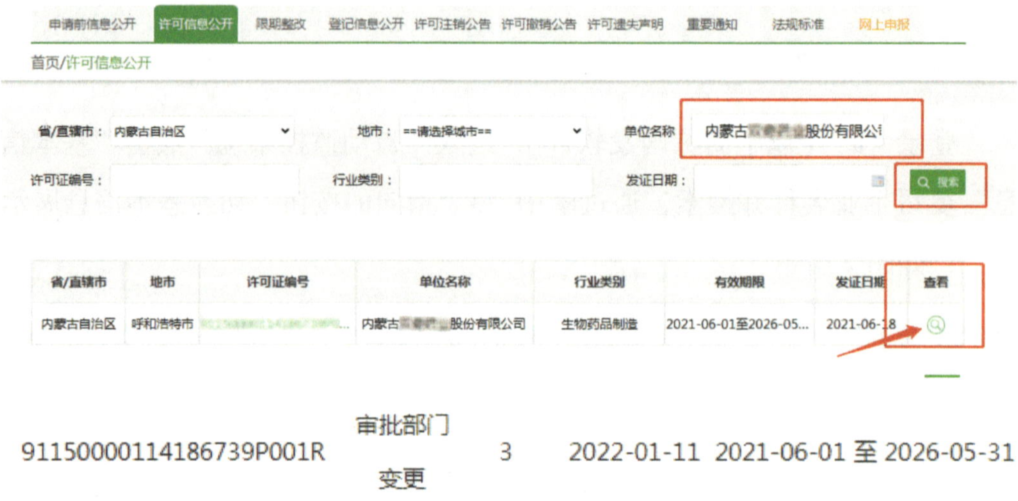

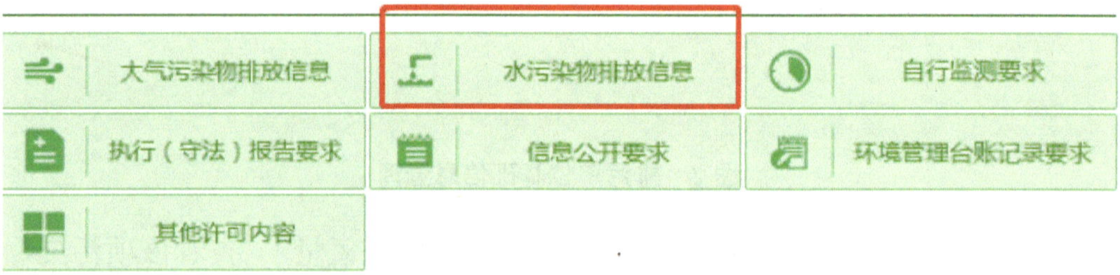

DW001	废水排放口	粪大肠菌群数 /（MPN/L）	单位	
DW001	废水排放口	五日生化需氧量	40 mg/L	
DW001	废水排放口	总磷（以 P 计）	1.0 mg/L	
DW001	废水排放口	甲醛	mg/L	
DW001	废水排放口	总有机碳	40 mg/L	
DW001	废水排放口	总风（以 N 计）	70 mg/L	
DW001	废水排放口	悬浮物	60 mg/L	
DW001	废水排放口	乙腈	mg/L	
DW001	废水排放口	化学需氧量	120 mg/L	
DW001	废水排放口	总余氧（以 Cl 计）	mg/L	
DW001	废水排放口	氨氮（NH_3-N）	35 mg/L	
主要排放口合计			COD_{Cr}	153
			氨氮	44

图 3　排污单位污染物排放限制查询

登录国发软件，进入“自动监控系统”点击“数据监控”填写企业名称并搜索，选择企业监控点，选定时间跨度为2023-×-×—2023-×-×，可根据实际需要选择数据类型，系统提供“日数据、小时数据、分钟数据、实时数据”多维查询，拖动底部横条，可逐项检查各类污染物数据，结合异常规则查看各类污染物数据，发现企业异常线索，将异常情况及时间段予以登记，重点查看是否存在自动监测设备标记情况（图4）。

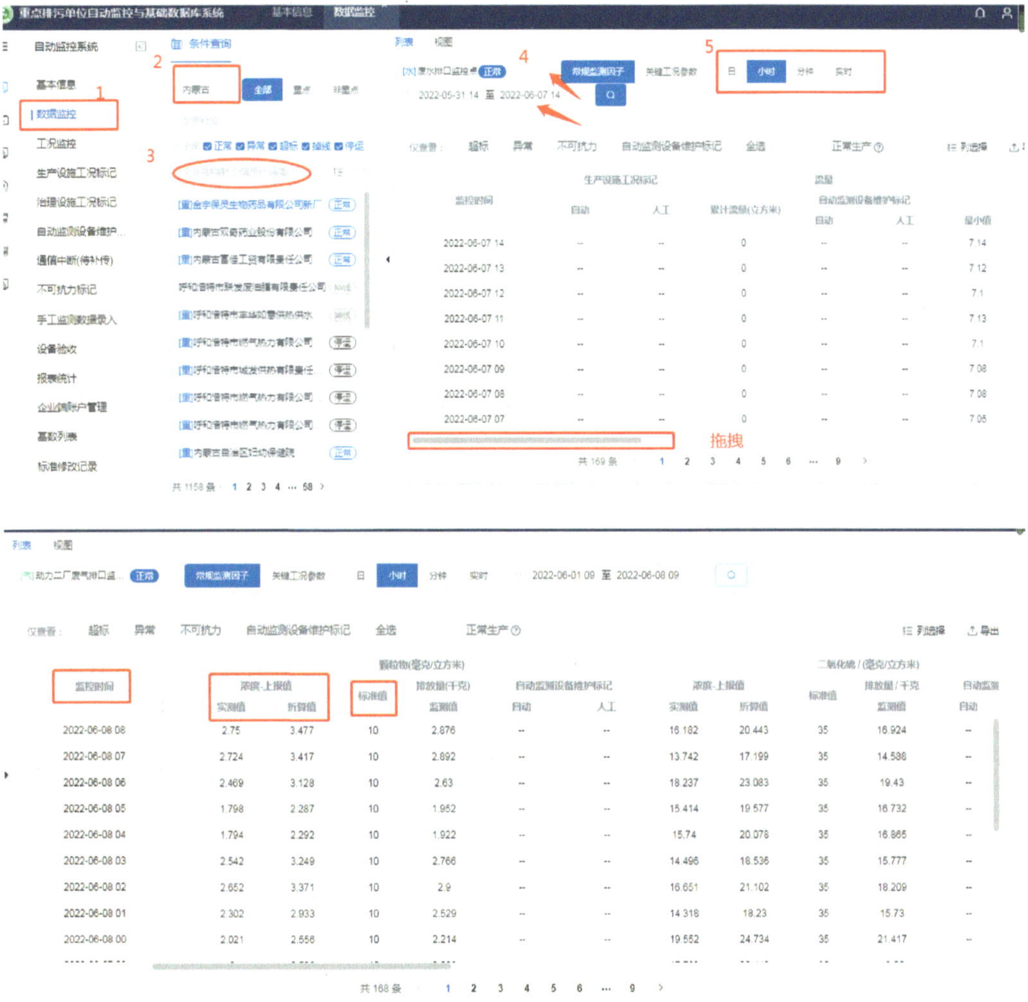

图4　排污单位自动监控数据及标记情况查询

监控数据异常情况：

超标，污染物浓度超过日均值的企业。

恒值，例如，废气连续 3 小时污染物浓度数据仅小数位变化或数差为 1；废水连续 4 小时污染物浓度数据仅小数位变化或数差为 1。

陡降，污染物超标浓度的下一数据下降率较大且之后保持稳定达标的。

虚假标记，超标时段标记故障的数据是否合理；工况标记是否符合实际情况（如停运期间烟气参数是否符合停运条件）。

异常数据，根据各参数与污染物之间的关系筛选出不符合逻辑的数据。例如，污染物浓度数据与折算数据一致；氧含量显示停运，但其他参数不符；贴线生产—浓度小时数据长期低于标准且在标准值的 0.85～1 倍波动；生产情况发生改变，但污染物无变化；各项自动监控参数不符合运行规律。

发现上述监控数据异常情况后，应结合该点位的生产特征，初步判断问题发生原因及现场情况。例如，某一污染物浓度超标后，应先查看生产工况标记和设备标记，排除是否为正常生产工况或正常运维。若不是上述两种情况，则应当考虑有哪些方式会导致数据异常，例如采样环节是否正常采样；传输环节是否加装了其他模块，影响了传输的数值；分析环节是否修改量程上限、斜率、截距等参数。根据分析结果，结合台账、视频监控、现场情况进行综合分析，还原当时情况，找出问题。

（三）去现场

查系统选取的异常情况清单，提前分析位置布局，确定检查路线和顺序。利用国发软件中的基本信息，找准监控点位、监测设备，避免地方人员因对某个排污口情况不熟悉而带错路，或地方提前采取某些措施干扰查找问题。

（四）找问题

到达某个监控点位或监测设备附近后，重点围绕“水污染源自动监测系统现场检查表、固定污染源排放烟气连续监测系统现场检查表”（见后文表 4、表 5）逐项核实是否存在问题。查找问题时，应结合系统填报信息与现场信息进行比对。现场重点查看自动监测设备标记是否属实，是否向属地生态环境主管部门报备并提供佐证资料。最后将发现的所有问题梳理成条，分类整理，形成问题清单。

（五）厘责任

对照问题清单，结合访谈、问询等手段，逐项明确每个问题的责任人，异常情况是否报备，问题是否属实，是否现场核实，能否提供佐证材料，最后按照排污单位主体责任和属地监管责任，形成责任清单。

（六）写报告

结合督察工作安排，全面梳理本次督察的工作安排、工作方法、发现的主要问题和责任分析，撰写形成督察报告和问题清单，并及时与地方进行对接交流，达成一致意见，避免后期推诿扯皮和拖延整治。

七、督察事项与检查要点

污染源自动监控设施督察以问题为导向，主要分为企业督察流程和属地生态环境主管部门督察流程。其中，若通过企业督察发现相关问题，应先行研判该问题是否为生态环境主管部门及其他有关部门的工作不当导致。若该问题为偶发问题，不应向监管部门追责；若普遍存在同类问题或某一行业普遍存在自动监控问题，则考虑是否为监管失职导致。

（一）污染源自动监控设施企业督察事项及检查要点

依照国家有关规定对检查范围内污染源自动监控设施的安装建设及运行情况进行现场监督检查，重点围绕“水污染源自动监测系统现场检查表、固定污染源排放烟气连续监测系统现场检查表”（见后文表 4、表 5），逐项核实是否存在问题，属地生态环境主管部门对污染源自动监控设施企业是否履职尽责。在查找问题过程中，要充分结合系统填报信息，与现场信息进行比对。主要从以下 4 个方面开展自动监测设备现场督察工作。

1. 自动监测设备安装建设不规范

从自动监测设备安装建设是否符合相关技术规范要求层面开展检查工作，主要包括排污口、采样点位、自动监控设备站房。

（1）排污口

检查排污口设置是否符合《排污口规范化整治技术要求》的规定，是否便于采集样品、计量监测、日常现场监督检查；是否与污染源自动监测设备验收、登记备案一致；是否存在自动监测设备未监测的旁路，污染物是否经旁路排放；是否存在偷排、漏排的情况。

（2）采样点位

1）检查水污染源自动监控设施采样点位设置是否符合行业标准等文件的相关规定。其采样位置是否位于渠道计量水堰（槽）流路的中央，且采样口采水的前端设在下流的方向；测量合流排水时，在合流后充分混合的场所采水。

水污染自动监控设备、采样设备安装：

监测断面要求。①明渠排放口，应按照 CJ/T 3008.1～CJ/T 3008.5 等相关技术要求修建或安装标准化量水堰（槽），其上游行近渠槽顺直段长度应大于 10 倍水面宽度，测流段水深应大于 0.1 m。②压力管道式排放口，电磁流量计安装位置上游直管段长度应不小于 10 倍管道直径，下游直管段长度应不小于 5 倍管道直径，且应保证流量计测量部分管道内水流时刻满管。

采样探头安装要求。取水口应设置在标准化量水堰（槽）前方水质充分混合处，宜设在流量监测单元量水（堰）槽取水口头部的流路中央；通过压力管道排放污水时，自动监测系统取水口宜设置在取样阀门与管道流量计之间（图 5）。

水污染自动监控设备安装位置正确才能保证测量准确并具有代表性。

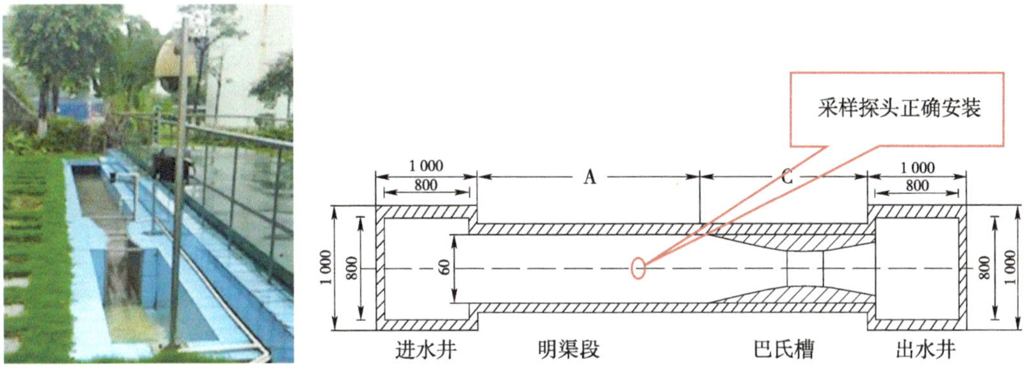

图 5　废水自动监控设备采样探头安装

2）检查固定污染源排放烟气连续监控设施采样点位设置是否符合 HJ 75 等文件的相关规定。检查监测点位是否具有代表性和规范性。

固定污染源烟气采样设备安装：

监测断面要求：距弯头、阀门、变径管下游方向≥4 倍烟道直径，以及距上述部件上游方向≥2 倍烟道直径处；无法满足“前四后二”时，应尽可能选择气流稳定的监测断面，并采取相应措施保证监测断面废气分布相对均匀，断面无紊流，流速相对均方差 $\sigma_r \leqslant 0.15$。

固定污染源烟气监控设备探头安装要求：一般应≥80 mm。

工作平台要求：工作平台长度应≥2 m，宽度应≥2 m 或不小于采样探杆长度外延 1 m，应保证人员及采样探杆操作的空间。

安装位置正确才能保证测量准确并具有代表性，平台爬梯建设安全、可靠才能保证日常运维工作的开展（图 6）。

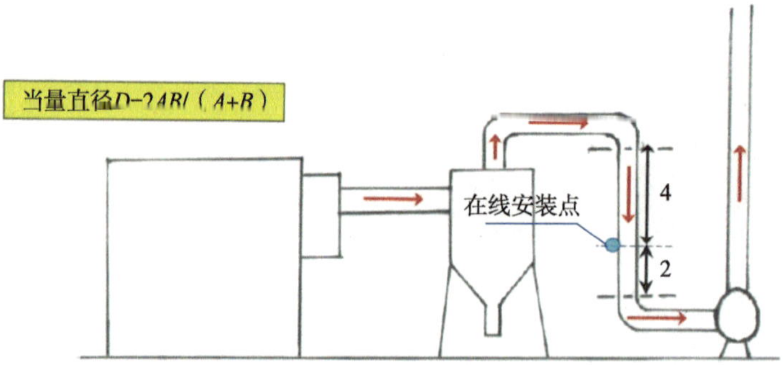

注：烟气方向：——►直径：*d*

图 6　废气自动监控设备采样探头安装

（3）自动监控设备站房

自动监控设备站房如图 7 所示。

图 7　自动监控设备站房

检查自动监控设备站房是否带有自启动功能空调、不间断 UPS 电源、灭火设备、视频监控、给排水设施。检查自动监控设备站房各项环境条件是否满足仪器设备正常工作的要求，例如，温 / 湿度计、排风扇、标准气体等辅助设施是否缺失，标准气体不确定度是否满足要求等。

面积：自动监控设备站房使用面积应≥15 m^2，自动监控设备站房使用面积应≥12 m^2。

供电：自动监控设备站房内有安全合格的配电设备，提供的电力负荷应不小于 5 kW，配置有稳压电源。

温 / 湿度：自动监控设备站房密闭，安装有冷暖空调和排风扇，室内温度能保持在（20 ± 5）℃，湿度应≤80%，空调应具有来电自启动功能。

给排水：自动监控设备内有合格的给排水设施，能使用自来水清洗仪器及有关装置。

视频监控：自动监控设备站房内、采样口等区域有视频监控（本地保存3个月、云端保存6个月）。

2. 自动监测设备运维不规范

从自动监测设备技术性能、日常运行维护工作是否符合相关技术规范要求层面开展督察工作，主要包括自动监测设备采样处理单元、分析仪单元、工控机及数采仪等方面开展检查工作。

（1）采样处理单元

1）检查废水采样点位与分析仪器是否正常连通，是否存在给水管路、排水管路外的管路。检查反冲洗管路是否存在对采集水样的稀释现象。检查水样预处理装置是否与验收、登记备案一致。具体检查项目有以下10类：

①系统是否正常工作。

②分析仪采样管是否连接正确。

③排污渠内是否有其他管路。

④采样管路是否存在可疑三通。

⑤采样泵是否在水渠内。

⑥采样管路、采样探头过滤是否符合要求（10～20目，实际水样比对合格）。

⑦药品试剂管路是否连接正确，是否能够抽取试剂。

⑧药品是否与厂家要求的一致、标准液体浓度是否与设备设置的一致。

⑨ pH水质自动分析仪、温度计和流量计对瞬时水样进行监测。连续排放时，pH、温度和流量至少每10分钟获得一个监测数据（间歇排放时，数据数量不小于污水累计排放小时数的6倍）。COD_{Cr}、TOC、NH_3-N、TP、TN水质自动分析仪对混合水样进行监测。连续排放时，每日从零点计时，每1小时为一个时段，水质自动采样系统在该时段进行时间等比例或流量等比例采样（如每15分钟采一次样，1小时内采集4次水样，保证

该时段内采集样品量满足使用)，水质自动分析仪测试该时段的混合水样，其测定结果应计为该时段的水污染源连续排放平均浓度。间歇排放时，每1小时为一个时段，水质自动采样系统在该时段进行时间等比例或流量等比例采样（依据现场实际排放量设置，确保在排放时可采集到水样）。

⑩水质自动采样系统的最小采样量不大于10毫升；最小采样间隔小于30分钟。应设有留样装置，其采样瓶用于存放水样，由惰性材料制成，易清洗，容量应在500毫升以上。应设有恒温单元，具有独立控温、低温冷藏水样的功能，恒温室温度一般为4℃或20℃。

废水自动监控系统见图8。

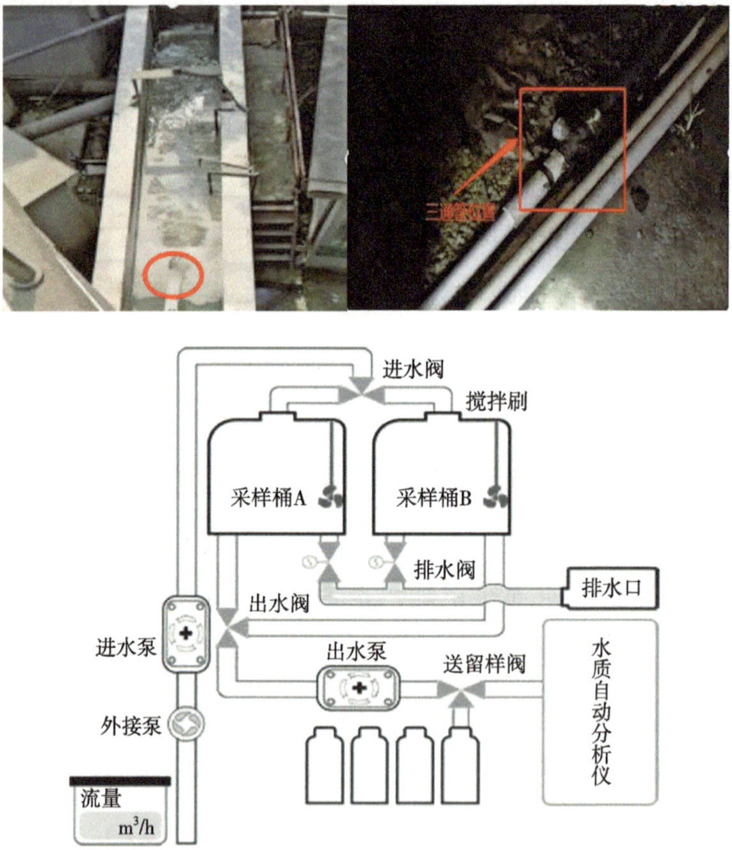

图8　废水自动监控系统

2）检查烟气加热采样探头、烟气采样伴热管等是否符合仪器说明书及相关规范要求，反吹气压缩机是否正常工作，稀释单元是否正常工作及稀释比数值与登记备案是否一致（针对稀释抽取法）。具体检查项目有以下 4 类：

①伴热检查。

a. 保证全程伴热，按照采样探杆→采样探头→加热盒（热湿法）顺序依次查看；

b. 伴热管是否有破损，是否有三通。

②探头检查。

a. 是否有异物，滤芯是否有问题；

b. 稀释法探头，压比是否大于 0.46，真空度是否大于 46 kPa。

③流速检查。

a. 皮托管探头的静压口、动压口距烟道内壁距离是否为当量直径的 1/3～1/2；

b. 皮托管系数是否能溯源。

④颗粒物检查。

a. K 值、B 值是否能溯源；

b. 对空测试、振打采样探杆测试；

c. 等速系统是否正常。

废气自动监控采样环节常见问题见图 9。

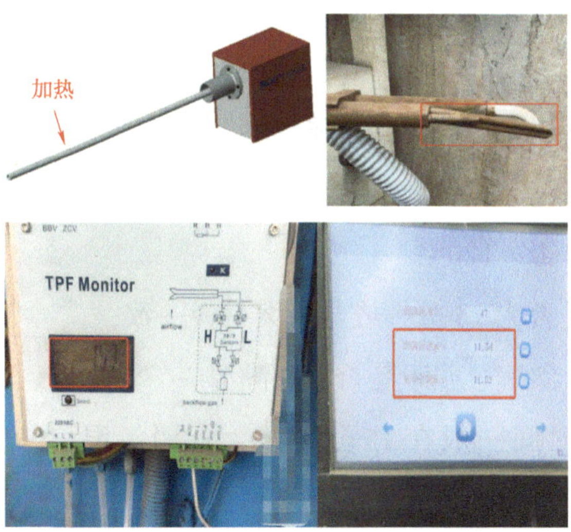

图 9　废气自动监控采样环节常见问题

（2）分析仪单元

1）检查废水分析仪启动后是否能够正常运转，即是否能够添加试剂和水样并排出废液。各测量单元是否清洁，可否正常运行。仪器各试剂瓶内试剂是否与登记备案相符。检查流量计是否符合相关规定。水污染源自动监控设施的频次、零点、量程校准和比对的频次是否符合 HJ 355 的相关要求。现场采用零点校准液和量程校准液进行试验，零点和量程漂移是否符合 HJ 355 的相关要求，若对现场所使用的设备不熟悉，建议请第三方运维人员在监督下进行操作。

废水参数设置的检查方法：

COD：

a. 消解时间是否＞15 分钟或与备案材料一致；

b. 消解温度是否＞165℃或与备案材料一致；

c. 稀释倍数、斜率、截距是否能够溯源。

氨氮：

a. 稀释倍数、斜率、截距是否能够溯源；

b. 消解时间是否与说明书一致。

总氮：

a. 消解温度是否＞120℃或与备案材料一致；

b. 消解时间是否为 15 分钟或与备案材料一致；

c. 稀释倍数、斜率、截距是否能够溯源。

总磷：

a. 消解温度是否＞120℃；

b. 消解时间是否为 15 分钟或与备案材料一致；

c. 稀释倍数、斜率、截距是否能够溯源。

另外，消解时间一般在 15 分钟以上，消解温度一般在 165℃以上，实际完全消解所需时间、温度与废水污染物浓度有关，以现场实际情况为准。

废水自动监控分析环节常见问题见图 10。

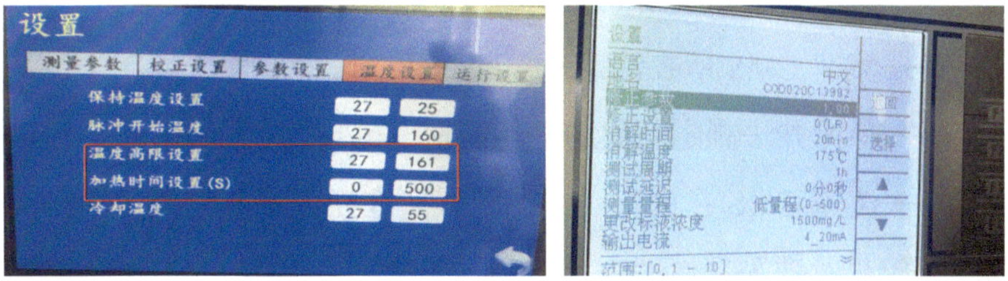

图 10　废水自动监控分析环节常见问题

2）检查废气分析仪启动后是否能正常运转，观察吹扫系统电机是否能正常工作，各测量单元是否清洁，可否正常运行。检查废气分析仪器量程、过量空气系数、皮托管系数 *K* 值、烟道截面积、速度场系数等设置是否合理，是否与登记备案一致。固定污染源烟气 CEMS 运行过程中是否按照 HJ 75 的有关规定，开展定期校准和校验工作。现场通入零气和标准气体测试，零点漂移和跨度漂移是否符合 HJ 75 的有关规定等，若对现场所使用的设备不熟悉，建议在第三方运维人员的监督下进行操作（图 11）。

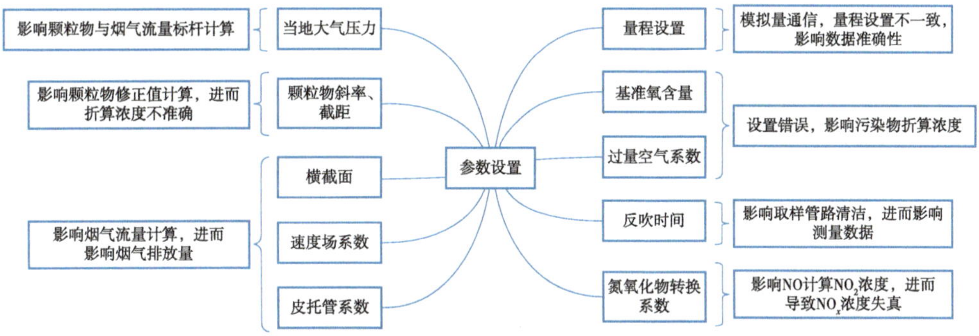

图 11　废气自动监控分析环节参数设置常见问题

其中，速度场系数是参比方法与 CEMS 同步测量烟气流速，参比方法测量的烟气平均流速与同时间、区间且相同状态的 CEMS 测量的烟气平均流速的比值，通常为 1 左右，需与验收备案材料一致，若需溯源，可按照 HJ 75 中提供的方法计算，其计算公式见式（3-1）：

$$K_v = \frac{F_s}{F_p} \times \frac{V_s}{V_p} \tag{3-1}$$

式中：K_v——速度场系数；

F_s——参比方法测定断面面积，m^2；

F_p——流速 CMS 所在测定断面的面积，m^2；

V_s——参比方法测定断面的平均流速，m/s；

V_p——流速 CMS 在固定点或测定线所在断面的测定流速，m/s。

（3）工控机及数采仪

查看参数设置是否正常或是否有支撑材料，自动监控仪器和数据采集传输仪器中数据采集参数设置是否一致，参数设置与验收、登记备案是否一致。检查自动监控仪器与数据采集传输仪器间的数据线路是否正常连接。检查数据传输是否符合 HJ 212 的协议，检查分析仪、工控机、数采仪及上传至监控中心的数据是否一致，包括数据对数和数据值一致情况（图 12）。

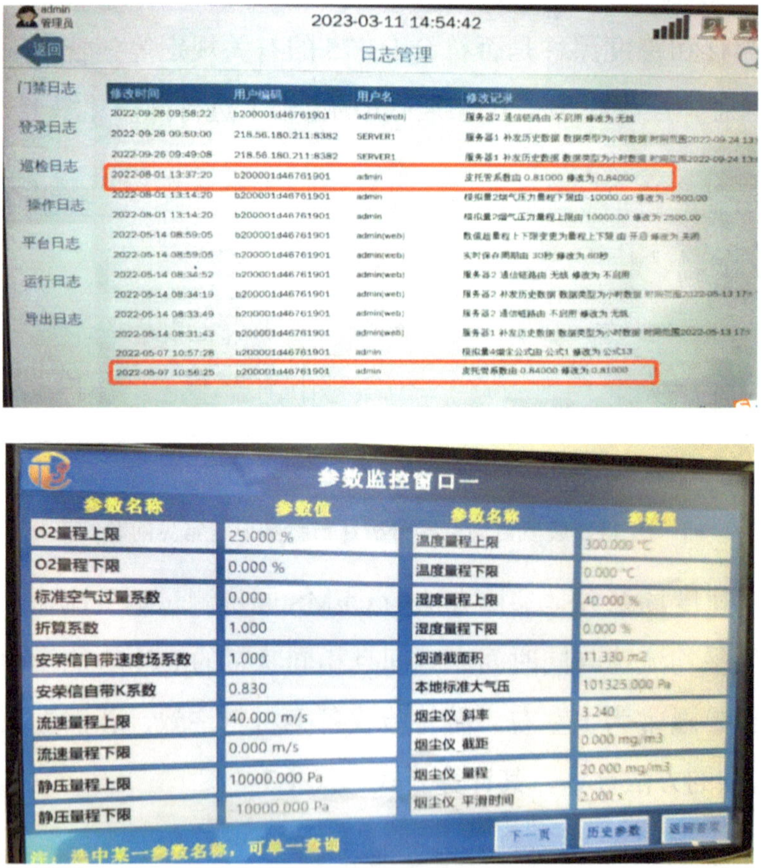

图 12　常见数采仪参数

（4）其他运维不规范的问题

检查是否存在未按相关技术规范开展自动监控维护工作的情形，包括但不限于自动监控设备的日常维护不满足要求的，如台账缺失、台账记录不实、未按照现行行业标准《水污染源在线监测系统（COD_{Cr}、NH_3-N 等）运行技术规范》（HJ 355—2019）、《固定污染源烟气（SO_2、NO_x、颗粒物）排放连续监测技术规范》（HJ 75—2017）等规范要求开展日常运维、核查、实际水样比对等工作，故障期间未按要求开展人工监测，未按要求对无效数据时段替代补遗、未按要求配备标准气体、标准气体未放在固定支架中、放置有超过信息公示表中满量程浓度的标准气体等。

其中，站房内的标准气体应带有合格证，且应在有效期内。标准气体应包含零气（含二氧化硫、氮氧化物浓度均≤0.1 μmol/mol 的标准气体，一般为高纯氮气，纯度≥99.999%；当测量烟气中二氧化碳时，零气中二氧化碳≤400 μmol/mol，含有其他气体的浓度不得干扰仪器的读数）和 CEMS 测量的各种气体（SO_2、NO_x、O_2）的量程标准气体，以满足日常零点、量程校准、校验的需要（图 13）。低浓度标准气体可由高浓度标准气体通过经校准合格的等比例稀释设备获得（精密度≤1%）也可单独配备。

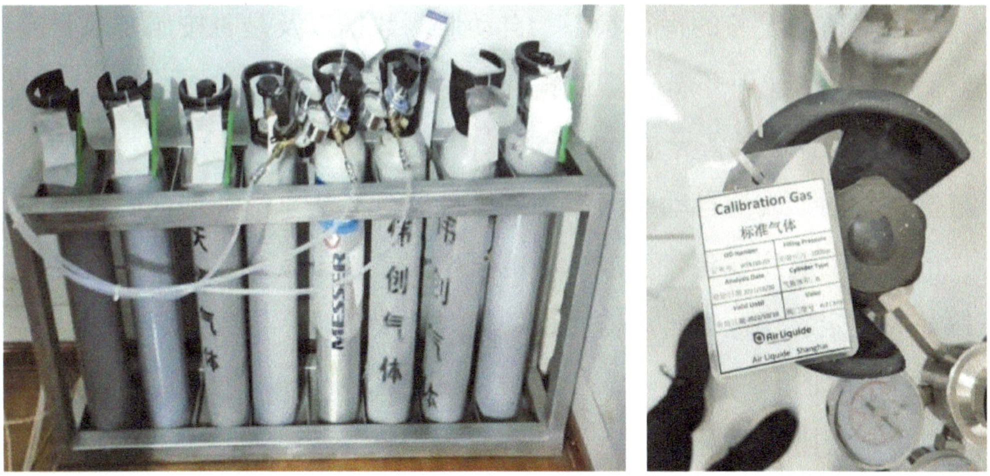

图 13　标准气体

此外，需注意实际上传的污染物浓度是否进行了干湿基转换（气态污染物采用冷干法测量时无须转换），转换公式见式（3-2）：

$$C_d = \frac{C_w}{1 - X_{\mathrm{SW}}} \tag{3-2}$$

式中：C_d——污染物干基浓度，mg/m^3（μmol/mol）；

C_w——污染物湿基浓度，mg/m^3（μmol/mol）；

X_{SW}——烟气绝对湿度（又称水分含量）。

式（3-2）中干基浓度与湿基浓度的工况状态条件应相同；氧含量干/湿基浓度转换计算方法与式（3-2）相同。

最后，还需注意设备是否按照相关技术规范要求进行调试验收，废气相关验收规范可参见现行行业标准 HJ 75 和 HJ 1286 的要求，废水相关验收规范可参见现行行业标准 HJ 354 的要求。其中，非甲烷总烃自动监控设备的验收应采用甲烷和丙烷两种标准气体或两者的混合气体，NMHC 响应时间为 300 秒以内，零点漂移和量程漂移的误差范围为 ±3%，正确度也与气态污染物不同，其余内容大体参见现行行业标准 HJ 75 执行，具体要求参见现行行业标准 HJ 1286。

3. 自动监测设备不正常运行问题

从自动监测设备的运行状态、自动监测数据以及是否按照要求开展自动监测和联网等层面开展检查工作。

（1）自动监测设备异常

擅自移动、改变自动监测设备采样位置且无法拿出证据证明其行为合理性的；自动监测设备发生故障不能正常运行，未按规定的时限修复；未按照相关规定、规范对自动监测设备及时开展运维，导致污染源自动监控数据明显失真的。

（2）自动监测数据异常

排污单位由于自动监控设备应修不修或自动监控数据缺失未及时修约

补遗等情形，导致自动监测数据明显失真（比对监测或标样核查超过标准要求的 HJ 75 表 1、表 2 和 HJ 355 表 1 的误差范围），但未发现有弄虚作假逃避监管的主观故意。例如，分析仪、数采仪、数据监控平台数据同一时段数据误差超过 1% 的。

（3）未按规定上报数据标记

排污单位由于自动监测设备发生故障不能正常运行，未按规定上报数据标记；污染物排放超标或重污染停限产管控期间，通过故意错误标记生产设施、治污设施工况，掩盖违法排污事实，逃避监管。

（4）应联未联或应测未测

未按规定与生态环境主管部门联网，且无充分理由证明不满足安装条件的；要求自动监测的项目与实际开展自动监测的项目不一致的。

（5）其他不正常运行自动监测设备情况

自动监测数据不完整，或经过比对检测发现自动监测数据无法真实、准确地反映实际污染物排放水平的情形；在排放污染物期间，未经生态环境主管部门同意停运或部分停运自动监测设备的，因客观因素停运除外；设备故障导致数据缺失连续 6 小时以上，既不报告生态环境部主管部门，也不按照排污许可证规定开展手工替代监测（已报告但未开展监测的，认定为不规范）；其他因排污单位或其委托的服务机构人为过失，造成自动监测数据缺失、无效，或自动监测设备不正常运行的情况等。

4. 自动监控弄虚作假问题

从排污单位是否存在主观故意逃避监管，违规处理监测样品，干扰监测，故意改动或干扰自动监控系统功能、参数、数据导致数据失真；是否存在自动监测设备运维台账造假或第三方比对监测报告造假等自动监控弄虚作假层面开展检查。

对于已发现的弄虚作假问题线索，进入企业核实时应注意以下几点：

（1）控制采样、传输环节及监测站房，防止企业、运维或其他人员在核实过程中擅自操作设备并调取历史监控视频，随后检查自动监控设备是否连接了其他可疑设备，抑或设备中存在远程控制软件。若发现有上述问题需立即处置。

（2）根据得到的问题线索，有针对性地进行核实，如检查采样口是否规范、设备是否正常采样，管路连接和所用耗材（标准气体、标准液体）是否符合要求、设备是否正常运行，结合自动监控设备验收备案资料，核对设备中的基本参数设置及计算公式等信息是否正确等。

（3）若核实后发现确实存在问题，应结合运维台账、问题线索和现场发现的各项线索，通过问询相关人员，调阅可疑时段的视频监控等方式，还原当时情况，依规固定证据，厘清案件责任，并移交当地生态环境主管部门。

根据《环境监测数据弄虚作假行为判定及处理办法》和现场检查实际，《自动监控设施现场督查工作技术指南》将弄虚作假问题分为以下 7 种情形。

（1）主观故意逃避监管

存在将部分或全部污染物不经规范的排放口排放，规避污染源自动监测设备监控的行为；通过谎报自动监测设备故障等进行偷排；故意关闭自动监测设备或中断数据上传，干扰自动监测设备与生态环境主管部门联网。

（2）通过人工干扰的方式违规处理监控样品或干扰监测

采取人工遮挡、堵塞和喷淋等方式，干扰采样口或周围局部环境的；故意更换、隐匿、遗弃监测样品或通过稀释（直接断开采样管）、吸附、吸收、过滤、改变样品保存条件等方法改变监测样品性质的；通过临时喷氨等措施故意干扰监测数据。

（3）故意改动、干扰自动监控系统功能、参数、数据导致数据失真

故意改动、干扰仪器设备的环境条件或运行状态等；通过仪器数据模拟功能，或植入模拟软件凭空生成监测数据的；篡改、销毁原始记录，或私自修改计算公式不按规范传输原始数据的；人为修改参数、数据，排污

单位无法拿出证据证明其行为合理性的。

（4）自动监控设备运维台账记录弄虚作假

未实际开展自动监控设备维护、校准、校验，伪造运维台账记录欺骗管理部门，导致污染源自动监控数据明显失真的，有充分证据证明排污单位存在主观故意的。

（5）第三方比对监测报告不实或造假

自动监控数据失真时或未开展采样、分析直接出具检测报告，故意出具合格的第三方比对监测报告。

（6）自动监测数据虚假标记

虚假标记或谎报自动监测异常、生产或治理设施工况异常，导致传输至生态环境主管部门的自动监测数据不能反映实际排放情况。

（7）其他欺骗、掩盖真实排污状况的行为

其他导致污染源自动监控数据明显失真后果，且有充分证据证明排污单位存在主观故意欺骗、掩盖真实排污状况的行为，包括但不限于人为操纵、干预或破坏排污单位生产工况、污染源净化设施，使生产或污染状况不符合实际情况的。

（二）属地生态环境主管部门自动监控设施督察事项及检查要点

1. 传输有效率督察

调阅国发软件传输有效率查看页面，查看属地传输有效率（即时率、补全率）是否满足＞90% 的生态环境部要求。在传输有效率不达标或数据缺失的情况下，属地生态环境主管部门是否及时督促企业补传数据，需提供督促提醒佐证材料。

2. 停运故障申请表督察

调阅国发软件数据监控页面，查看污染源企业停运情况，是否与企业现场提供的停运故障申请表一致；查阅停运故障申请表签章审批是否符合要求；关键设备更换等重大变更情况，设备更换情况说明等佐证材料是否齐全。

3. 超标异常线索核实督察

根据国发软件超标异常督办情况及上级定期通报的异常线索清单，通过查阅企业监控、门禁系统或问询企业相关负责人，明确属地生态环境主管部门是否现场核实或通过非现场监管方式进行问题核实，需提供问题核实相关佐证资料。

4. 监督性监测报告情况督察

通过查阅企业监控、门禁系统或问询企业相关负责人，明确属地生态环境主管部门是否按计划对污染源企业开展监督性监测，监督性监测委托的第三方监测公司资质是否齐全，监测报告内容是否属实，是否存在前后不一致等情况。

八、常用督察工具

生态环境保护督察污染源自动监控设施现场督察工作常用督察工具分为生态环境部污染源监控中心网站、污染源监控微信服务号。

1. 生态环境部污染源监控中心网站

网址：https://www.envsc.cn/

生态环境部污染源监控中心网站是由生态环境部生态环境执法局主管，生态环境部环境工程评估中心主办的污染源监控中心官方网站。内容涵盖污染源监控领域最新的工作动态、工作文件、法律法规、标准规范等。网站中还设有自动监控管理端、自动监控系统企业服务端、垃圾焚烧发电厂公开端、环境监察重点单位排查系统、非现场监管执法服务平台等常用的污染源自动监控管理平台入口，并配套了相关平台操作指南和计算规则等说明文档（图 14、图 15）。

图 14　生态环境部污染源监控中心网站首页

图 15　生态环境部污染源监控中心网站二维码

自动监控系统管理端主要用于各级生态环境主管部门对排污单位的日常管理工作，主要功能包括排放标准维护、自动监测数据查看、企业各类标记信息查看、企业操作日志查看、统计报表查看等（图 16）。

图 16　自动监控系统管理端

自动监控系统企业服务端供全国重点单位（含垃圾焚烧及其他行业）使用，全面落实企业主体责任，企业发现传输数据异常及时通过企业服务端进行自主标记，履行向生态环境部主管部门报告的法律义务。系统主要功能包括污染物及烟气参数和关键工况参数监控、生产和治理工况和 CEMS 自主标记、督办反馈企业基本信息维护和录入设备验收信息等（图 17）。

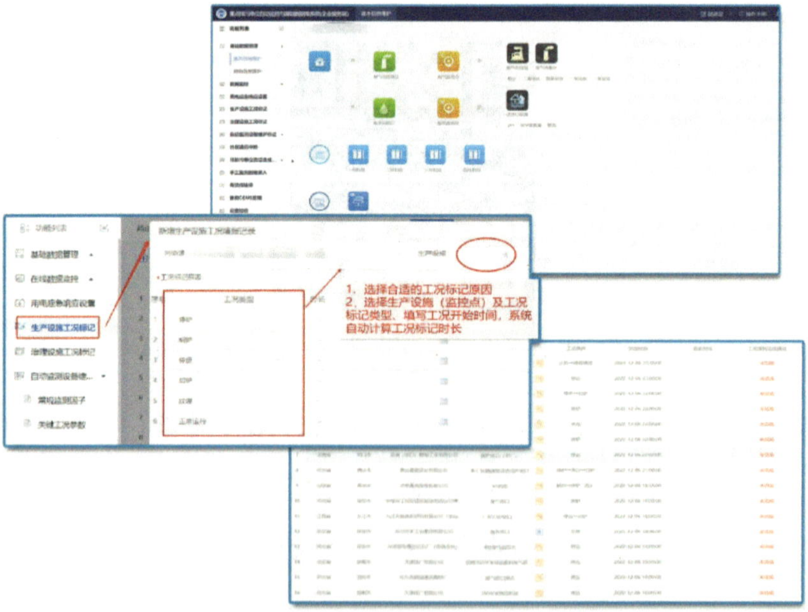

图 17　自动监控系统企业服务端

垃圾焚烧发电厂公开端。目前，生活垃圾焚烧发电行业自动监测数据已全面向社会公开，包括焚烧炉烟气排放 5 项污染物日均值、焚烧炉炉膛温度 5 分钟均值及相关数据标记。

环境监察重点单位排查系统。结合列入本年度最新重点排污单位名录的水、大气环境重点排污单位，以及实行排污许可重点管理且在排污许可证中明确应实施自动监测的排污单位。各地方生态环境主管部门对可实施自动监测的排污单位、监控点位、监测项目进行动态摸底排查，确定联网统计基数。根据生态环境部重点排污单位名录库、全国排污许可证管理信息平台提取的数据，排查系统每年初始化需纳入自动监控的重点单位名单，并动态同步排污许可重点管理单位要求自动监测的排口和指标信息（图 18）。

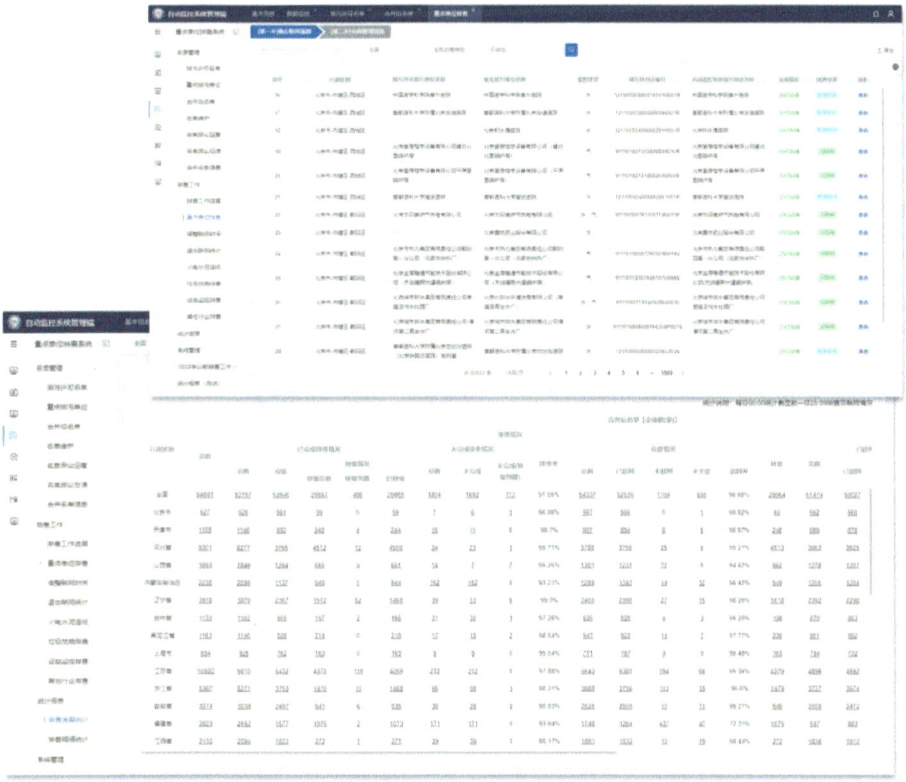

图 18　环境监察重点单位排查系统

非现场监管执法服务平台主要呈现全国重点排污单位监控状态、浓度、排放量、排放趋势在不同视角、不同维度下的总体情形。使生态环境主管部门可以从多角度、多维度了解各地区重点排污单位基本信息及数据情况，快速获取执法所需信息及数据（图 19）。

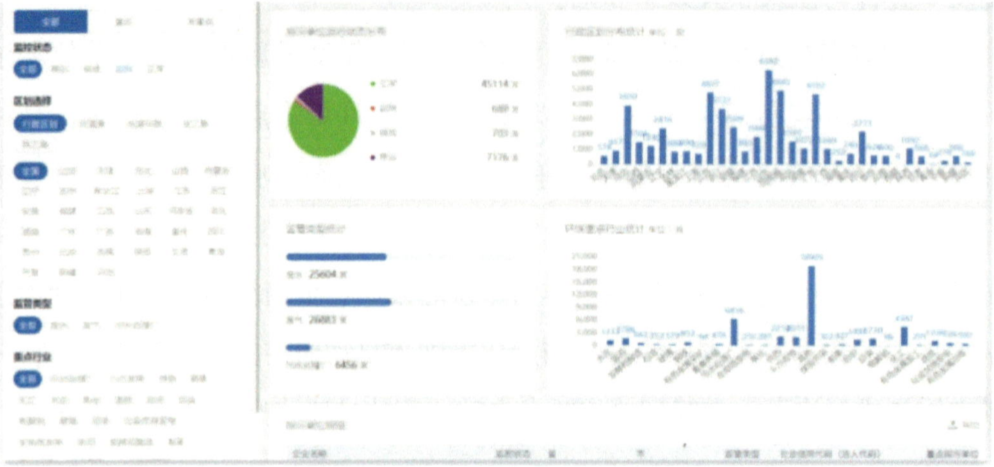

图 19　非现场监管执法服务平台

2. 污染源监控微信服务号

污染源监控微信服务号主要用于排污单位和生态环境主管部门接收“事前预警、事中调度、事后督办”3 类电子告知与督办单，并可在服务号中对所接收的电子告知和督办单进行反馈核实（图 20、图 21）。

图 20　污染源监控微信服务号

图 21　污染源监控微信服务号二维码

另外，污染源监控微信服务号中还集成了标准状况下干烟气流量计算、颗粒物或气态污染物折算值计算、烟气污染物单位换算和模拟量（4～20 mA）换算实际值等污染源自动监控领域常用辅助工具，可供第三方开展运维、排污单位内部质控及执法人员现场检查使用。

九、现场检查表

1. 水污染源自动监测系统现场检查表

水污染源自动监测系统现场检查表如表 4 所示。

表 4　水污染源自动监测系统现场检查表

检查项目	检查内容	检查情况
一、监测站房规范性		
采样管路	监测站房应尽量靠近采样点位，与采样点位的距离应＜50 m	是□　否□
视频监控	监测站房内、采样口等区域是否有视频监控	是□　否□
二、自动监测系统安装及功能规范性		
排放口及流量监测单元	污染源排放口的布设是否符合 HJ 91.1 的要求	是□　否□
	具有符合 GB/T 15562.1 要求的环境保护图形标志牌	是□　否□
	污染源排放口是否设置便于水质自动采样单元和流量监测单元安装的采样口	是□　否□
	流量计安装处是否设置有对超声波探头检修和比对的工作平台，可方便实现对流量计的检修和比对工作	是□　否□
采样、分析单元	是否实现采集瞬时水样和混合水样，混匀及暂存水样，自动润洗及排空混匀桶的功能	是□　否□
	是否实现混合水样和瞬时水样的留样功能	是□　否□
	是否实现 pH 水质自动分析仪、温度计原位测量	是□　否□

续表

检查项目	检查内容	检查情况
二、自动监测系统安装及功能规范性		
采样、分析单元	是否实现 COD_{Cr}、TOC、NH_3-N、TP、TN 水质自动分析仪测量混合水样	是□ 否□
	水质自动采样单元的构造是否保证将水样不变质地输送到各水质分析仪，是否具备必要的防冻或防腐设施	是□ 否□
	是否设置有混合水样的人工比对采样口	是□ 否□
	采样口是否设在流量监测系统标准化计量堰（槽）取水口头部的流路中央，且采水口朝向与水流的方向一致；测量合流排水时，在合流后充分混合的场所采水	是□ 否□
	是否可接收监控中心平台命令，实现对水污染源自动监测系统的控制。例如，触发水质自动采样单元采样，水污染源自动监测仪器进行测量、标准液体核查、校准等操作	是□ 否□
	上传的污染源监测数据带有时间和数据状态标识，是否符合 HJ 355—2019 中 6.2 的规定	是□ 否□
	是否具有自动零点校准功能和量程校准功能及自动记录功能。校准记录中应包括校准时间、校准浓度、校准前的校准关系式（曲线）、校准后的校准关系式（曲线）	是□ 否□
	是否具有测试测量数据类别标识、显示、存储和输出功能	是□ 否□
流量计	是否采用明渠流量计测定流量，按照 JJG 711、CJ/T 3008.1、CJ/T 3008.2、CJ/T 3008.3 等技术要求修建或安装标准化计量堰（槽），并通过计量部门检定	是□ 否□
	是否采用管道电磁流量计测定流量，应按照 HJ/T 367 等技术要求进行选型、设计和安装，并通过计量部门检定	是□ 否□
	电磁流量计在垂直管道上安装时，被测流体的流向应自下而上，在水平管道上安装时，两个测量电极不应在管道的正上方和正下方位置。流量计上游直管段长度和安装支撑方式应符合设计文件要求。管道设计应保证流量计测量部分管道水流时刻满管	是□ 否□
水质自动采样器	水质自动采样器是否具有采集瞬时水样和混合水样、冷藏保存水样的功能	是□ 否□
	水质自动采样器是否具有远程启动采样、留样及平行监测功能，记录瓶号、时间、平行监测等信息	是□ 否□
	水质自动采样器采集的水样量应满足各类水质自动分析仪润洗、分析需求	是□ 否□
水质自动分析仪	应根据企业废水实际情况选择合适的水质自动分析仪。应根据 HJ 353—2019 附录 E 所登记的企业实际排放废水浓度选择合适的水质自动分析仪现场工作量程，具体设置方法参照 HJ 355—2019 中 5.1 的规定	是□ 否□

续表

检查项目	检查内容		检查情况
三、自动监测系统现场校准、校验及其他技术指标、参数设置要求			
重要参数设置	相关系数、校正因子、修正系数、消解时间、消解温度、工作曲线斜率 / 截距等各项参数是否在正常范围内，满足动态管控要求		是□　否□
水污染源自动监测仪器调试期性能指标			
仪器类型	项目	指标限值	
明渠流量计	液位比对误差	12 mm	是□　否□
	流量比对误差	± 10%	
水质自动采样器	采样量误差	± 10%	是□　否□
	温度控制误差	± 2℃	是□　否□
四、运行管理的规范性			
现场定期维护	每 7 天对水污染源自动监测系统至少进行 1 次现场维护		是□　否□
	检查各水污染源自动监测仪器标准溶液和试剂是否在有效使用期内，保证按相关要求定期更换标准溶液和试剂		是□　否□
	pH 水质自动分析仪：用酸液清洗 1 次电极，检查 pH 电极是否钝化，必要时进行校准或更换		是□　否□
	温度计：每月至少进行 1 次现场水温比对试验，必要时进行校准或更换		是□　否□
	超声波明渠流量计：检查流量计液位传感器高度是否发生变化，检查超声波探头与水面之间是否有干扰测量的物体，对堰体内影响流量计测定的干扰物进行清理		是□　否□
	管道电磁流量计：检查管道电磁流量计的检定证书是否在有效期内		是□　否□
自动标样核查和自动校准	对 COD_{Cr}、TOC、NH_3-N、TP、TN 水质自动分析仪要求定期进行自动标样核查和自动校准，自动标样核查结果应满足相关要求		是□　否□
	选用浓度约为现场工作量程上限值 0.5 倍的标准样品定期进行自动标样核查试验指标限值 ± 10%。如果自动标样核查结果不满足 HJ 355—2019 表 1 的规定，则应对仪器进行自动校准。仪器自动校准完后应使用标准溶液进行验证（可使用自动标样核查代替该操作），验证结果应符合表 1 的规定，如不符合则应重新进行 1 次校准和验证，6 小时内如仍不符合表 1 的规定，则应进入人工维护状态		是□　否□

续表

检查项目	检查内容	检查情况
四、运行管理的规范性		
自动标样核查和自动校准	自动监测仪器自动校准及验证时间若超过 6 小时，则应采取人工监测的方法向相应生态环境主管部门报送数据，数据报送每天不少于 4 次，间隔不得超过 6 小时	是□　否□
	自动标样核查周期最长间隔不得超过 24 小时，校准周期最长间隔不得超过 168 小时	是□　否□
实际水样比对试验	对 COD_{Cr}、TOC、NH_3-N、TP、TN 水质自动分析仪应每月至少进行 1 次实际水样比对试验。试验结果应满足 HJ 355—2019 表 1 中规定的试验指标要求，实际水样比对试验的结果不满足 HJ 355—2019 表 1 中规定的试验指标要求时，应对仪器进行校准和对标准溶液进行验证后再次进行实际水样比对试验	是□　否□
	仪器维护时间超过 6 小时时，应采取人工监测的方法向相应生态环境主管部门报送数据，数据报送每天不少于 4 次，间隔不得超过 6 小时	是□　否□
	pH 水质自动分析仪和温度计每月至少进行 1 次实际水样比对试验，如果比对结果不符合 HJ 355—2019 表 1 的要求，应对 pH 水质自动分析仪和温度计进行校准，校准完成后需再次进行比对，直至合格	是□　否□
	超声波明渠流量计每季度至少用便携式明渠流量计比对装置进行 1 次比对试验（比对前应对便携式明渠流量计进行校准），如比对结果不符合 HJ 355—2019 表 1 的要求，应对超声波明渠流量计进行校准，校准完成后需再次进行比对，直至合格	是□　否□
	水污染源自动监测仪器经过维修后，在正常使用和运行之前应确保其维修全部完成并通过校准和比对试验。若自动监测仪器进行了更换，则在正常使用和运行之前，应确保其性能指标满足 HJ 355—2019 表 1 的要求。维修和更换的仪器可由第三方或运行单位自行出具比对检测报告	是□　否□
	若水污染源自动监测仪器因故障或维护等原因不能正常工作时，应及时向相应生态环境主管部门报告，必要时采取人工监测，监测周期间隔不大于 6 小时，数据报送每天不少于 4 次，监测技术要求参照 HJ 91.1 执行	是□　否□

检查人（签字）		检查日期	

2. 固定污染源排放烟气连续监测系统现场检查表

固定污染源排放烟气连续监测系统现场检查表如表 5 所示。

表 5　固定污染源排放烟气连续监测系统现场检查表

检查项目	检查内容要求	是否合格	备注
一、监测站房规范性			
站房空间	站房面积约为（　）m^2	是□　否□	应＞12 m^2
标准气体	标准气体是否在有效期内	是□　否□	
气态污染物 CEMS	采样探头设置在距弯头、阀门、变径管下游方向（　）m 处，相当于（　）倍直径和距上述部件上游方向（　）m 处，相当于（　）倍烟道直径处	是□　否□	对圆形烟道，设置在距弯头、阀门、变径管下游方向≥2 倍烟道直径，以及距上述部件上游方向≥0.5 倍烟道直径处
颗粒物 CEMS 和流速 CMS	颗粒物和流速探头设置在距弯头、阀门、变径管下游方向（　）m 处，相当于（　）倍直径和距上述部件上游方向（　）m 处，相当于（　）倍烟道直径处	是□　否□	对圆形烟道，设置在距弯头、阀门、变径管下游方向≥4 倍烟道直径及距上述部件上游方向≥2 倍烟道直径处，对矩形烟道，以当量直径计
	CEMS 安装位置流速平均为（　）m/s 左右	是□　否□	应＞5 m/s
参比方法采样口内径为（　）mm	在 CEMS 监测断面下游应预留参比方法采样孔，采样口位置和数目按照 GB/T 16157 的要求确定。现有污染源参比方法采样口内径应≥80 mm，新建或改建污染源参比方法采样口内径应≥90 mm	是□　否□	参比方法采样口内径为（　）mm
二、样品采集和传输装置			
采样探头	采样探头加热温度为（　）℃	是□　否□	采样探头加热温度≥120℃且高于烟气露点温度 10℃，实际温度能够在机柜或系统软件中显示查询
样品传输管线	采样管线加热温度为（　）℃	是□　否□	加热温度≥120℃且高于烟气露点温度 10℃，并能在机柜或系统软件显示查询
	采样管路管线长度为（　）m	是□　否□	不超过 76 m

续表

<table>
<tr><th>检查项目</th><th colspan="2">检查内容要求</th><th>是否合格</th><th>备注</th></tr>
<tr><td colspan="5">三、预处理设备</td></tr>
<tr><td>除湿设备</td><td colspan="2">除湿设备温度保持在（ ）℃</td><td>是□ 否□</td><td>除湿设备设置温度保持在4℃左右，正常波动在 ±2℃以内，其实际温度值能在机柜或系统软件中显示查询</td></tr>
<tr><td colspan="5">四、CEMS 现场校准、校验及其他技术指标、参数设置要求</td></tr>
<tr><td rowspan="9">重要参数设置</td><td colspan="2">校正系数、校正因子、修正系数工作曲线斜率 / 截距、K 系数等各项参数在正常范围内，满足动态管控要求</td><td>是□ 否□</td><td></td></tr>
<tr><td colspan="2">SO_2 斜率、截距</td><td>是□ 否□</td><td></td></tr>
<tr><td colspan="2">NO_x 斜率、截距</td><td>是□ 否□</td><td></td></tr>
<tr><td colspan="2">O_2 斜率、截距</td><td>是□ 否□</td><td></td></tr>
<tr><td colspan="2">皮托管系数 K 值</td><td>是□ 否□</td><td>0.81～0.86</td></tr>
<tr><td colspan="2">速度场系数（如设置不为 1 时，应有比对备案）</td><td>是□ 否□</td><td></td></tr>
<tr><td colspan="2">基准氧（是否与该行业执行一致）</td><td>是□ 否□</td><td></td></tr>
<tr><td colspan="2">流速探头处烟道直径、截面积</td><td>是□ 否□</td><td></td></tr>
<tr><td colspan="2">量程上限、下限分析仪与工控机是否一致</td><td>是□ 否□</td><td></td></tr>
<tr><td rowspan="9">气态污染物 CEMS</td><td colspan="4">以下操作均为全流程通入标准气体的操作</td></tr>
<tr><td rowspan="4">二氧化硫</td><td>分析仪量程：
工控机量程：</td><td>是□ 否□</td><td></td></tr>
<tr><td>标准气体到达 90% 系统性响应时间为（ ）秒</td><td>是□ 否□</td><td></td></tr>
<tr><td>测试的标准气体浓度：</td><td>是□ 否□</td><td></td></tr>
<tr><td>示值误差：</td><td>是□ 否□</td><td></td></tr>
<tr><td rowspan="4">氮氧化物（以 NO_2 计）</td><td>分析仪量程：</td><td>是□ 否□</td><td></td></tr>
<tr><td>标准气体到达 90% 系统性响应时间为（ ）秒</td><td>是□ 否□</td><td></td></tr>
<tr><td>测试的标气浓度：</td><td>是□ 否□</td><td></td></tr>
<tr><td>示值误差：</td><td>是□ 否□</td><td></td></tr>
<tr><td rowspan="2">颗粒物 CEMS</td><td rowspan="2">颗粒物</td><td>分析仪量程：
工控机量程：</td><td>是□ 否□</td><td></td></tr>
<tr><td>零点漂移：
量程漂移：</td><td>是□ 否□</td><td></td></tr>
</table>

续表

<table>
<tr><th>检查项目</th><th colspan="2">检查内容要求</th><th>是否合格</th><th>备注</th></tr>
<tr><td colspan="5">四、CEMS 现场校准、校验及其他技术指标、参数设置要求</td></tr>
<tr><td rowspan="4">颗粒物 CEMS</td><td rowspan="4">颗粒物</td><td>抽取式烟尘仪等速测量系统（　）（自动跟踪、手动跟踪、关闭）</td><td>是□　否□</td><td>应设置自动跟踪</td></tr>
<tr><td>烟尘K值：（　）（如不为1，需提供人工参比报告）</td><td>是□　否□</td><td></td></tr>
<tr><td>烟尘B值：（　）（如不为1，需提供人工参比报告）</td><td>是□　否□</td><td></td></tr>
<tr><td>分析仪量程：
工控机量程：</td><td>是□　否□</td><td></td></tr>
<tr><td rowspan="4">氧气 CMS</td><td colspan="2">分析仪量程：
工控机量程：</td><td>是□　否□</td><td></td></tr>
<tr><td colspan="2">标准气体到达 90% 系统性响应时间为（　）秒</td><td>是□　否□</td><td></td></tr>
<tr><td colspan="2">测试的标准气体浓度：</td><td>是□　否□</td><td></td></tr>
<tr><td colspan="2">示值误差：</td><td>是□　否□</td><td></td></tr>
<tr><td rowspan="2">流速 CMS</td><td colspan="2">测量量程：
工控机量程：</td><td>是□　否□</td><td></td></tr>
<tr><td colspan="2">零点漂移：</td><td>是□　否□</td><td>零点漂移≤ ± 3.0% F.S 或绝对误差≤ ± 0.9 m/s</td></tr>
<tr><td rowspan="2">湿度 CMS</td><td colspan="2">测量量程：
工控机量程：</td><td>是□　否□</td><td></td></tr>
<tr><td colspan="2">通入空气 / 氮气显示值：</td><td>是□　否□</td><td>空气应为 0.8%～1.2%，氮气在 0.2% 以下</td></tr>
<tr><td colspan="5">五、运行管理的规范要求</td></tr>
<tr><td>项目</td><td colspan="2">内容</td><td>是否存在问题</td><td>具体问题</td></tr>
<tr><td>日常巡检</td><td colspan="2">CEMS 日常巡检时间间隔不超过 7 天</td><td>是□　否□</td><td></td></tr>
<tr><td>定期校准</td><td colspan="2">颗粒物 CEMS：有自动校准功能的每 24 小时、无自动校准功能的每 15 天，至少校准一次仪器的零点和量程，同时测试并记录零点漂移和量程漂移</td><td>是□　否□</td><td></td></tr>
<tr><td rowspan="2">定期校验</td><td colspan="2">有自动校准功能的测试单元每 6 个月、无自动校准功能的测试单元每 3 个月，至少做一次校验</td><td>是□　否□</td><td></td></tr>
<tr><td colspan="2">校验用参比方法和 CEMS 同时段数据进行比对，按照 HJ 75—2017 中 9.3 的规定进行</td><td>是□　否□</td><td></td></tr>
</table>

续表

检查项目	检查内容要求	是否合格	备注
五、运行管理的规范要求			
常见故障分析及排除	运行单位发现故障或接到故障通知，应在 4 小时内赶到现场处理	是□　否□	
	若数据存储 / 控制仪发生故障，应在 12 小时内修复或更换，并保证已采集的数据不丢失	是□　否□	
准确度	用参比方法开展 CEMS 准确度抽检（比对监测）时，颗粒物、流速、烟温、湿度至少获取 3 个平均数据对，气态污染物和氧含量至少获取 6 个数据对	是□　否□	
检查人（签字）		检查日期	

3. 生态环境主管部门自动监控设施督察表

生态环境主管部门自动监控设施督察表如表 6 所示。

表 6　生态环境主管部门自动监控设施督察表

督察项目	督察内容	督察情况
排污单位	排污单位名称：	
	监测点位名称：	
	排污单位类型：	□废水　□烟气 □非甲烷总烃
属地生态环境主管部门	属地生态环境主管部门名称：	
	包抓负责人：	
传输有效率	主要考核监测项目：	□化学需氧量　□氨氮 □总磷　□总氮 □流量　□ pH　□其他
		□颗粒物　□二氧化硫 □氮氧化物　□氯化氢 □一氧化碳　□流速 □温度　□压力 □氧含量　□其他
		□非甲烷总烃　□总烃 □甲烷　□其他
	查看属地传输有效率（即时率、补全率）是否满足＞90% 的生态环境部要求	□是　□否
	传输有效率不达标或数据缺失时，是否督促企业补传	□是　□否

续表

<table>
<tr><th>督察项目</th><th>督察内容</th><th colspan="2">督察情况</th></tr>
<tr><td rowspan="3">停运故障申请表</td><td>企业停运情况是否与企业现场提供的停运故障申请表一致</td><td colspan="2">□是　□否</td></tr>
<tr><td>查阅停运故障申请表签章审批是否符合要求（签章齐全，日期正确）</td><td colspan="2">□是　□否</td></tr>
<tr><td>对于关键设备更换等重大变更情况，设备更换情况说明等佐证材料是否齐全</td><td colspan="2">□是　□否</td></tr>
<tr><td rowspan="2">超标异常线索核实</td><td>超标异常线索是否现场核实（佐证资料）</td><td colspan="2">□是　□否</td></tr>
<tr><td>是否通过非现场监管方式（佐证资料）</td><td colspan="2">□是　□否</td></tr>
<tr><td rowspan="3">监督性监测报告</td><td>是否按计划开展监督性监测（佐证资料）</td><td colspan="2">□是　□否</td></tr>
<tr><td>委托的第三方监测公司监测资质是否齐全</td><td colspan="2">□是　□否</td></tr>
<tr><td>监测报告内容是否存在前后不一致等情况</td><td colspan="2">□是　□否</td></tr>
<tr><td>督察人（签字）</td><td></td><td>督察日期</td><td></td></tr>
</table>

十、案例汇编

生态环境保护督察污染源自动监控设施现场督察案例汇编。

（一）自动监测设备安装建设不规范问题

1. 排污口

（1）流量计安装不规范，流量计安装位置应当按照 HJ 353 的要求进行安装，流量计安装不规范如图 22 所示。

图 22　流量计安装不规范

影响：不规范安装会造成流量计量不准，对核算污染物排放量造成影响。

（2）采样平台离地面高度≥2 m时，通往采样平台及维护平台未设置斜梯（或“Z”字梯、旋梯），采样平台不规范示意如图23所示。

影响：手工比对监测时需人工携带采样杆、分析仪等设备攀登到采样平台，直梯无法保证人员安全。

图23　采样平台不规范

2. 采样点位

监测断面要求：距弯头、阀门、变径管下游方向≥4倍烟道直径，以及距上述部件上游方向≥2倍烟道直径处；无法满足“前四后二”时，应尽可能选择气流稳定的监测断面，并采取相应措施保证监测断面废气分布相对均匀，断面无紊流，流速相对均方差$\sigma_r \leqslant 0.15$。监测孔要求：一般应≥80 mm。采样口不规范如图24所示。

图24　采样口不规范（距离排放口过近、密封不严）

3. 监测站房

某企业废水在线监测站房未安装冷暖空调和排风扇；分析仪废液直排到站房内，管线布置错乱，分析仪进水未通过自动采样器采集。监测站房不规范如图 25 所示。

图 25　监测站房不规范

（二）自动监测设备运维不规范问题

1. 采样处理单元

伴热管管路倾斜角度大于 5°，且出现“U”形布线，易形成水封（图 26）。

图 26　“U”形布线

影响：水封处存水会吸收 SO_2 等烟气，降低监测数据准确性。

2. 分析仪单元

（1）废气抽取式颗粒物分析仪采样方式未按照规范要求设置为自动跟踪采样，导致采样流量不连续，污染物监测数据不准确（图 27）。

图 27　污染物采样器设置

（2）污染物分析仪系统响应时间不满足规范要求（图 28）（分析仪示值 200 秒内无法达到通入标准气体浓度的 90%）。

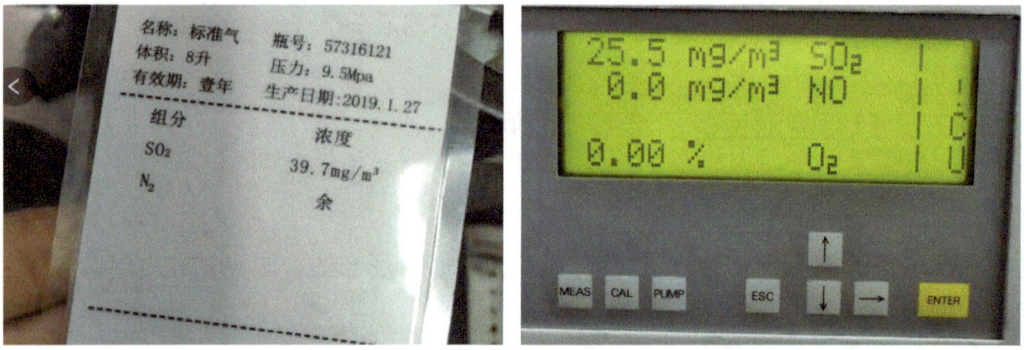

图 28　污染物分析仪系统响应时间不规范

3. 分析仪及数采仪

分析仪、数采仪时钟不一致（图 29）。

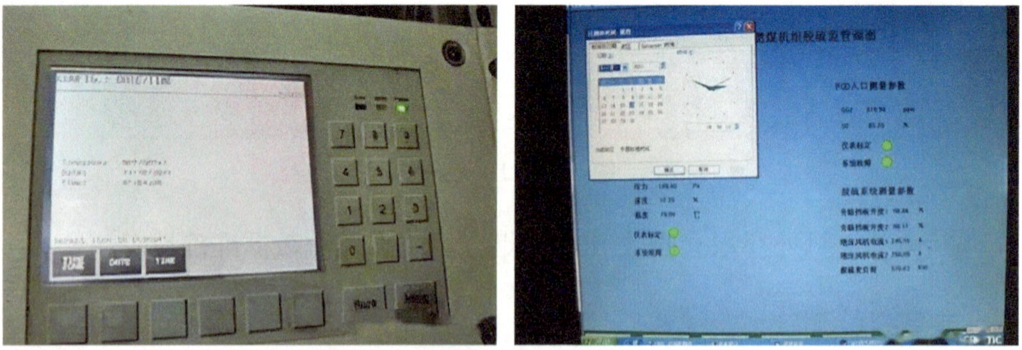

图 29　分析仪、数采仪时钟不一致

影响：同一时间分析仪、数采仪数据不一致。

4. 其他运维不规范问题

自动监测设备运维台账未按照相关规范要求填写或填写不齐全（图 30）。

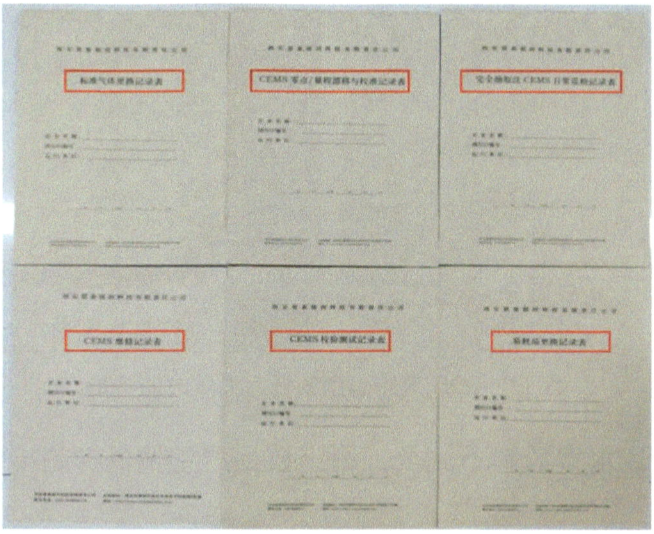

图 30　自动监测设备运维台账

（三）自动监测设备不正常运行问题

1. 自动监测设备异常

（1）进样管路或设备老化，有漏液未及时更换（图 31）。

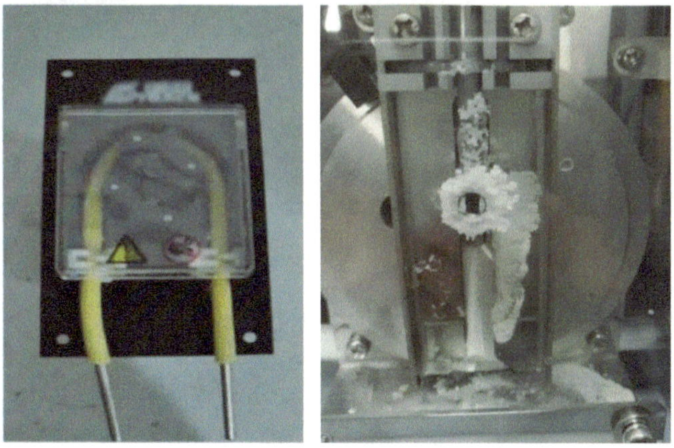

图 31　进样管路或设备老化

影响：导致取样不准确，测试结果严重偏低，超出误差范围，规避超标风险。

（2）COD 消解温度偏低、消解时间不足（图 32）。

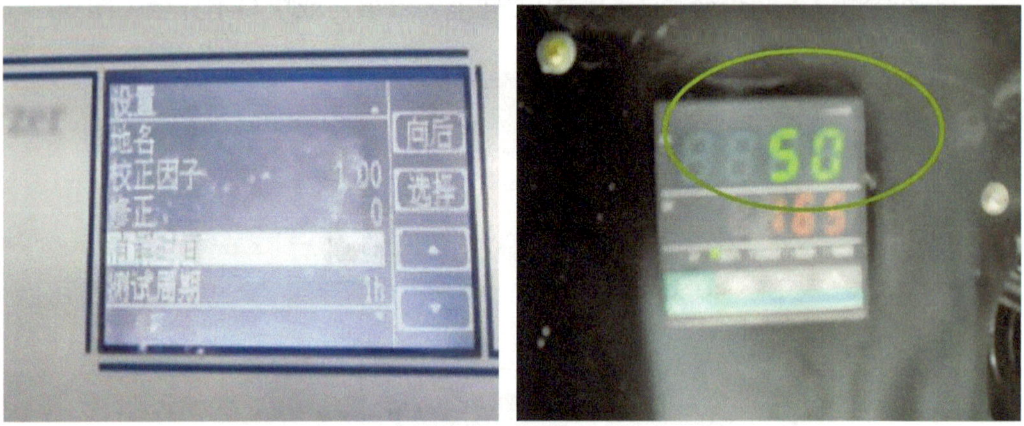

图 32　COD 消解温度偏低、消解时间不足

影响：导致水样消解不完全，测定数据严重偏低，超出误差范围，规避超标风险。

（3）量程校正液实际浓度与仪器设定浓度不符，高标低校（图 33）。

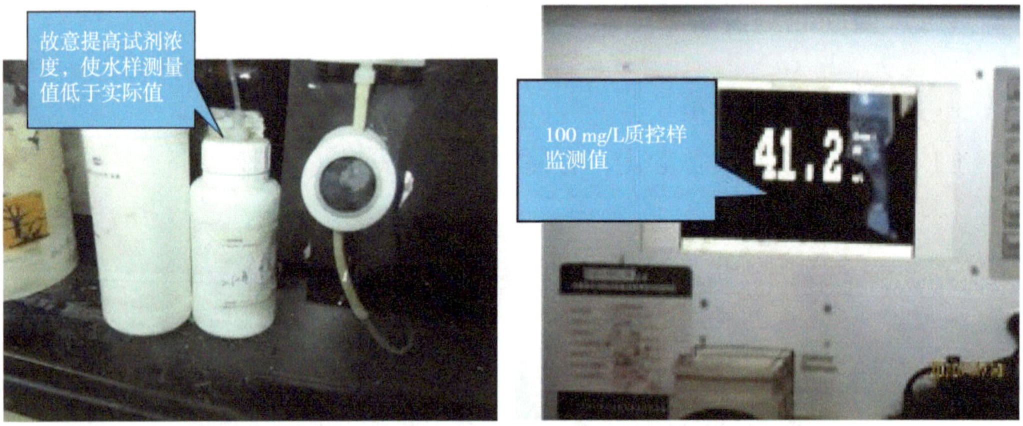

图 33　高标低校

影响：导致监测结果严重偏低，超出误差范围，规避超标风险。

（4）废气采样管线长期未全程伴热、采样探头加热温度或采样管线伴热温度不足（图 34）（探头应为 160℃左右，伴热为 120℃左右）。

影响：水汽结露，SO_2 溶于水中，导致测定结果偏低，若手工监测结果显示污染物超标，则涉嫌未保证自动监测设施正常运行。

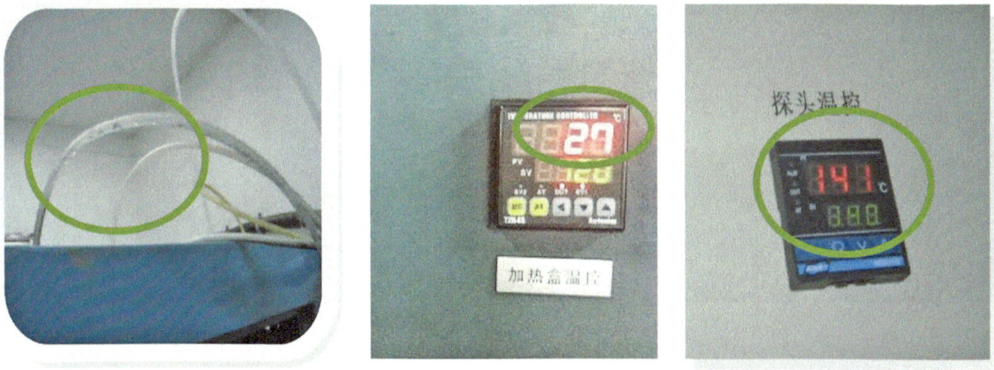

图 34　未全程伴热

（5）探头滤芯、预处理滤芯未按规范定期更换，导致滤芯失效（图 35）。

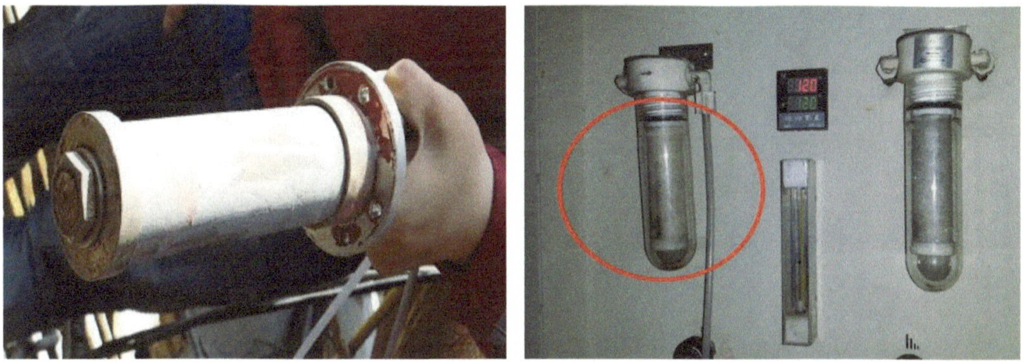

图 35　未及时清理或更换滤芯

影响：滤芯堵塞，导致采样流量降低，数据失真。严重时损坏分析仪，使设备无法运行。若对原烟气进行手工监测发现超标，则涉嫌未保证自动监测设施正常运行。

（6）冷凝器冷凝温度长期过高或过低（图 36），一般为 3～5℃。

影响：冷凝温度过高，导致烟气中的水分不能充分析出，分析仪表损坏。冷凝温度过低，导致排水口结冰，无法正常排水，降低 SO_2 数据。若对原烟气进行手工监测发现超标，则涉嫌未保证自动监测设施正常运行。

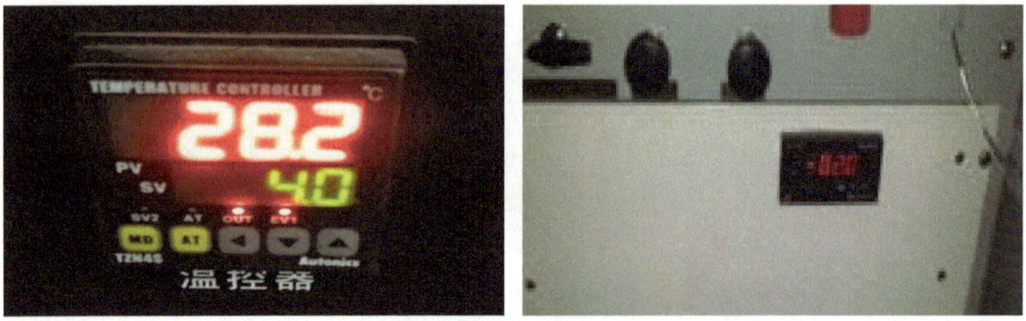

图 36　冷凝器温度过高

（7）冷凝器排水蠕动泵长期损坏、泄漏（图 37）。

图 37　冷凝器蠕动泵故障

影响：冷凝水无法正常排出，测量数据受影响（SO_2 降低、氧含量提高）。若对原烟气进行手工监测发现超标，则涉嫌未保证自动监测设施正常运行。

2. 自动监测数据异常

分析仪与数采仪数据不一致，数据偏差大于 1%（图 38）。

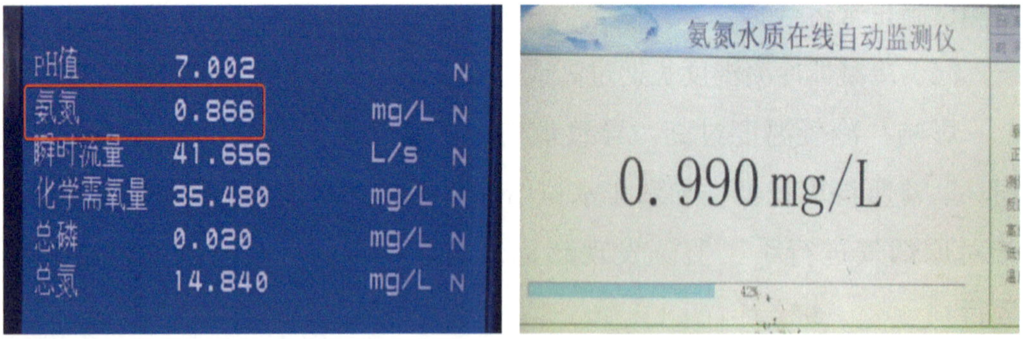

图 38　分析仪与数采仪数据不一致

影响：数据偏差大，造成上传数据失真，数据偏小能规避超标风险。

3. 未按规定上报数据标记

故障期间未开展手工监测，自动监控设备故障导致数据缺失连续6小时以上，但未及时报告生态环境主管部门并开展手工监测（图39）。影响传输有效率考核。

流量		pH			
自动监测设备维护标记		监测值			标准值
自动	人工	最小值	平均值	最大值	
正常(N)	--	5.392	6.315	6.532	6-9
正常(N)	--	5.013	5.931 超	6.497	6-9
正常(N)	--	5.018	5.866 超	6.463	6-9
正常(N)	--	2.448	4.724 超	6.411	6-9
正常(N)	--	1.857	3.357 超	5.489	6-9
正常(N)	--	0.811	2.961 超	4.215	6-9
正常(N)	--	1.791	3.137 超	3.927	6-9
正常(N)	--	1.926	3.09 超	4.61	6-9
正常(N)	--	2.36	3.907 超	4.83	6-9
正常(N)	--	2.876	4.112 超	5.402	6-9
正常(N)	--	3.689	4.695 超	5.481	6-9
正常(N)	--	2.992	4.461 超	5.458	6-9
正常(N)	--	2.874	4.201 超	5.077	6-9
正常(N)	--	2.541	3.605 超	4.822	6-9
正常(N)	--	3.269	4.21 超	5.189	6-9

图39　设备故障导致pH超标，未及时标记

4. 应联未联或应测未测

根据《环境监管重点单位名录管理办法》，列入水环境重点排污单位的污水处理厂应依法安装在线监测设备，未安装或未联网在线监测设备可认定为未安装或未联网问题，涉嫌违法（图40）。

图40　列入水环境重点排污单位但未按要求安装自动监控设备并联网

5. 其他不正常运行自动监测设备情况

试剂无标签、未定期更换试剂，使用不规范试剂如图 41 所示。

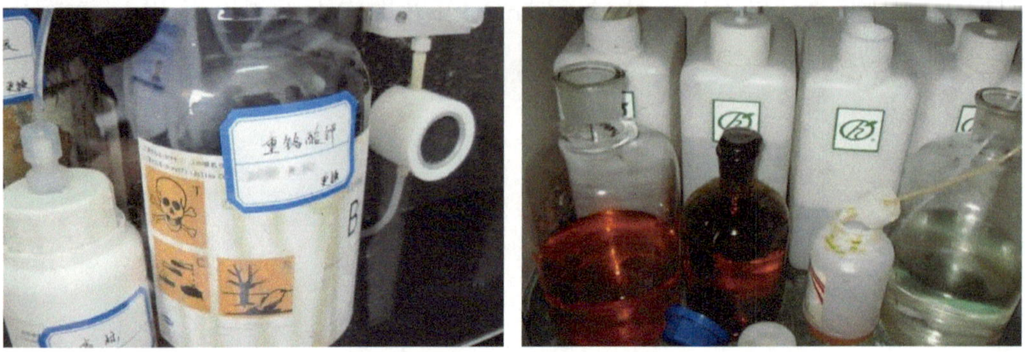

图 41　使用不规范试剂

影响：试剂超过有效使用期或无试剂，导致测量数据严重偏低，超出误差范围。

（四）自动监控弄虚作假问题

1. 主观故意逃避监管

（1）通过稀释、过滤等方法影响原污染物监测，导致未如实监测实际排放污染物，采样器未能采集污染物真实水样，分析仪所测数据严重偏低（图 42）。

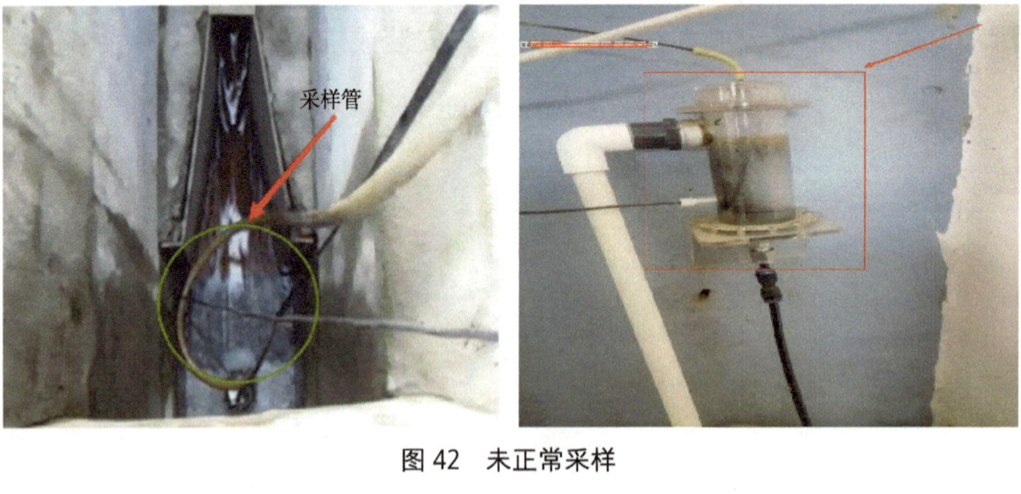

图 42　未正常采样

（2）稀释污染物，在采样管到分析仪之前与自来水管接通，有可能存在将污染物稀释的行为，并存在旁路，在检查过程中，发现企业的确存在干扰采样和稀释监测污染物的情形（图 43）。

图 43　旁路稀释污染物

（3）对样气进行稀释、预处理，导致监测结果严重失真，涉嫌自动监测数据弄虚作假（图 44）。

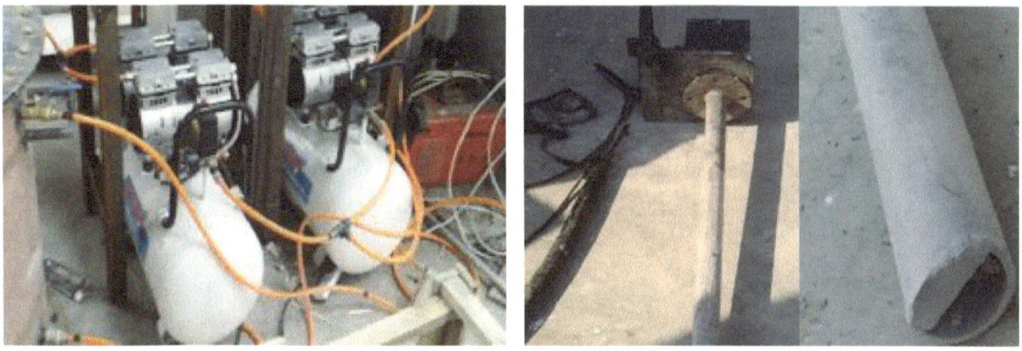

图 44　样气稀释

（4）抽取式粉尘仪末端故意放置一张纸质卡片遮挡粉尘仪光路，导致颗粒物测量值严重偏低，无法反映真实的污染物排放情况，涉嫌自动监测数据弄虚作假（图 45）。

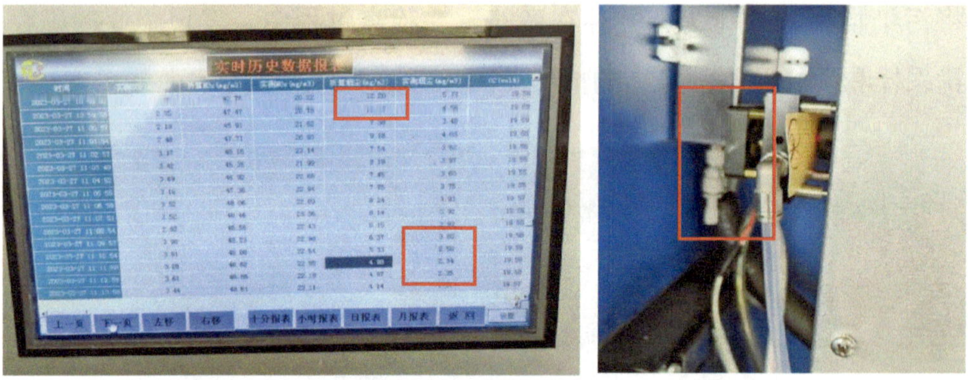

图 45 遮挡粉尘仪光路

2. 通过人工干扰的方式违规处理监控样品或干扰监测

（1）某污水处理厂外排废水超标，潜入在线监控站房违规改动在线监控设备的运行模式和状态，并自行调配可达标的水样替代实际外排废水进行在线监测分析，导致氨氮和总氮在线监控数据严重失真，掩盖超标（图 46）。

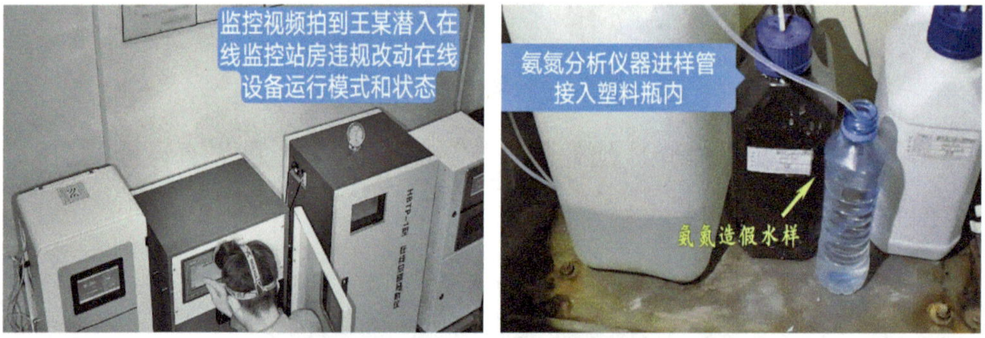

图 46 故意改动自动监控设备并替换水样

（2）干扰采样，明渠内正在排放废水，在线监测采样水泵被置于盛装清水的容器内，在线监测数据测量死水，数据一直在一定范围内波动（图 47）。

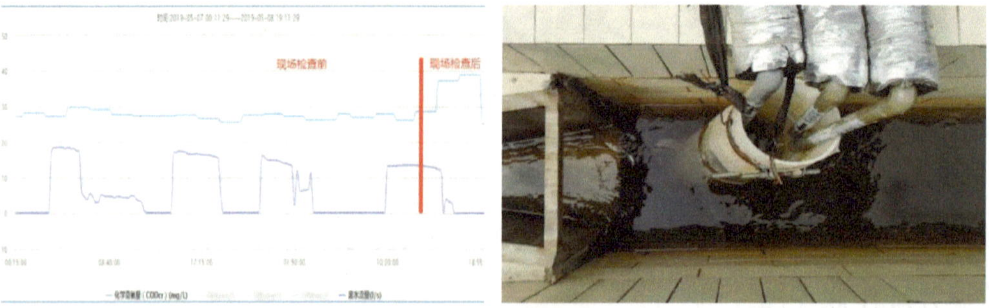

图 47 干扰采样

3. 故意改动、干扰自动监控系统功能、参数、数据导致数据失真

（1）故意使用有数据造假功能的仪器设备篡改数据，使用工控机或远程软件等改变仪器参数（降低修正值和修正系数），降低污染物监测值，从而掩盖超标排放的事实（图 48）。

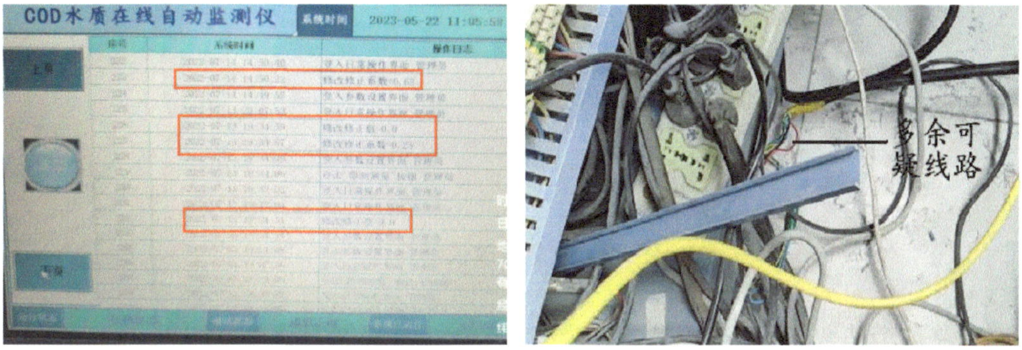

图 48　故意改动仪器参数

（2）采用模拟信号传输时，故意将分析仪、数采仪之间因子量程设置为不一致状态，使分析仪因子量程大于数采仪因子量程，导致传输数据等比例缩小，未上传真实监测数据，涉嫌自动监测数据弄虚作假（图 49）。

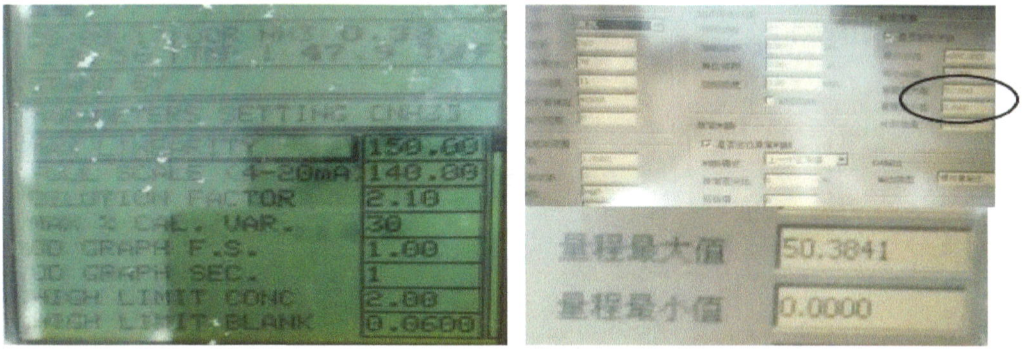

图 49　分析仪、数采仪之间因子量程设置不一致

（3）在未向属地部门报备的情况下擅自修改监测仪器参数，在分析仪或工控机中发现有主观对监测结果预先进行加工的行为，如修改斜率或修改量程上限（图 50）等情形（将斜率改小会导致监测结果偏小，使用模拟量传输的设备将量程上限改大会导致监测结果偏小），致使污染物监测结果严重偏低，掩盖企业超标排放事实，涉嫌自动监测数据弄虚作假。

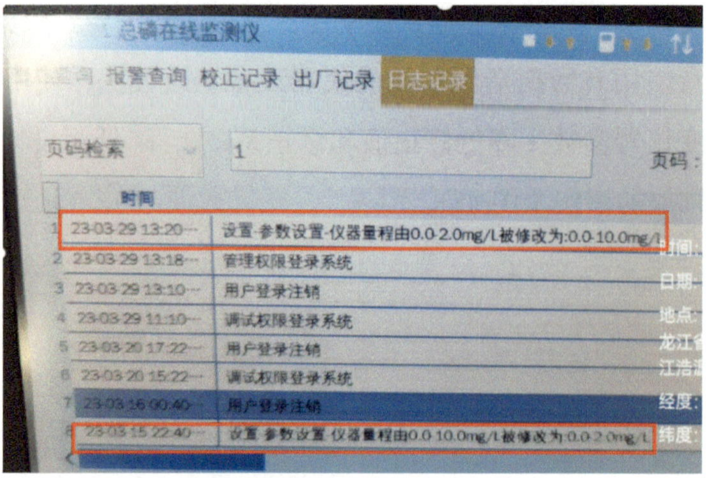

图 50　故意修改仪器量程

（4）某企业因湿度仪损坏长期未维修，直接采用工控机模拟软件凭空生成湿度数据，造成上传至生态环境主管部门的自动监控数据长期失真（图 51）。

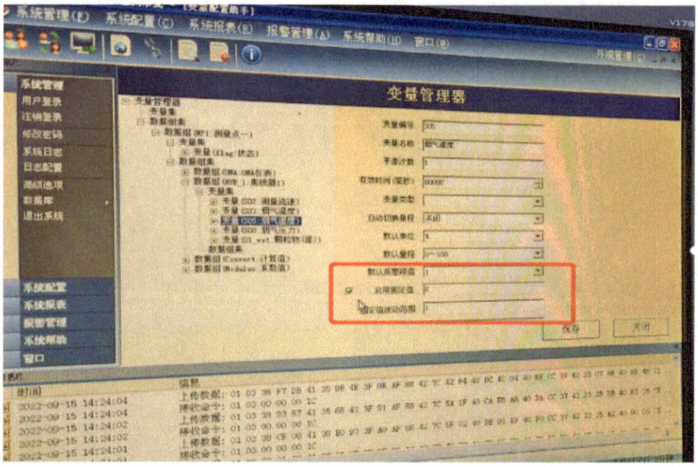

图 51　采用工控机模拟软件凭空生成湿度数据

4. 自动监控设备运维台账记录弄虚作假

未实际开展自动监测设备维护，伪造运维台账记录欺骗管理部门。由图 52 可以看到，pH 采样探头污泥附着明显，长时间未清理或采取相关措施，而运维记录显示正常开展运维相关工作，若实际监测数据 pH 超标，则涉嫌主观故意不维护或伪造运维台账，掩盖超标事实。

图 52　未清理的 pH 采样探头

5. 第三方比对监测报告不实或造假

（1）监测报告与历史数据不匹配，监测报告中的内容存在人为弄虚作假的情形，如未开展监测但报告中有数据，或监测设备中数值与检测报告中数值差异过大，疑似弄虚作假或存在刻意掩盖超标结果以逃避监管等违法行为（图 53）。

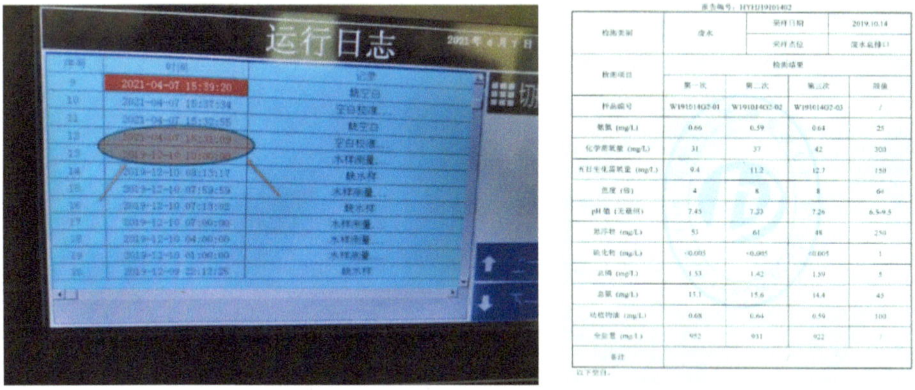

报告编号：HYHJ19101402

检测类别	废水		采样日期	2019.10.14
			采样点位	废水总排口
检测项目	检测结果			
	第一次	第二次	第三次	限值
样品编号	W191014G2-01	W191014G2-02	W191014G2-03	/
氨氮（mg/L）	0.66	0.59	0.64	25
化学需氧量（mg/L）	31	37	42	300
五日生化需氧量（mg/L）	9.4	11.2	12.7	150
色度（倍）	4	8	8	64
pH 值（无量纲）	7.45	7.33	7.26	6.5-9.5
悬浮物（mg/L）	53	61	48	250
硫化物（mg/L）	<0.005	<0.005	<0.005	1
总磷（mg/L）	1.53	1.42	1.39	5
总氮（mg/L）	13.1	15.6	14.4	45
动植物油（mg/L）	0.68	0.64	0.59	100
全盐量（mg/L）	952	931	922	/
备注				

以下空白。

图 53　第三方篡改伪造监测报告

（2）未开展采样、分析，直接出具监测数据；或到现场采样但未开设烟道采样口，出具监测报告的。

查处手段：查看监测原始记录、查看排污口视频监控。

6. 自动监测数据虚假标记

虚假标记或谎报自动监测设备、生产设施或治理设施工况异常，出现超标，企业不根据实际情况进行标记，直接标记自动监测设备故障以逃避监管（图 54）。

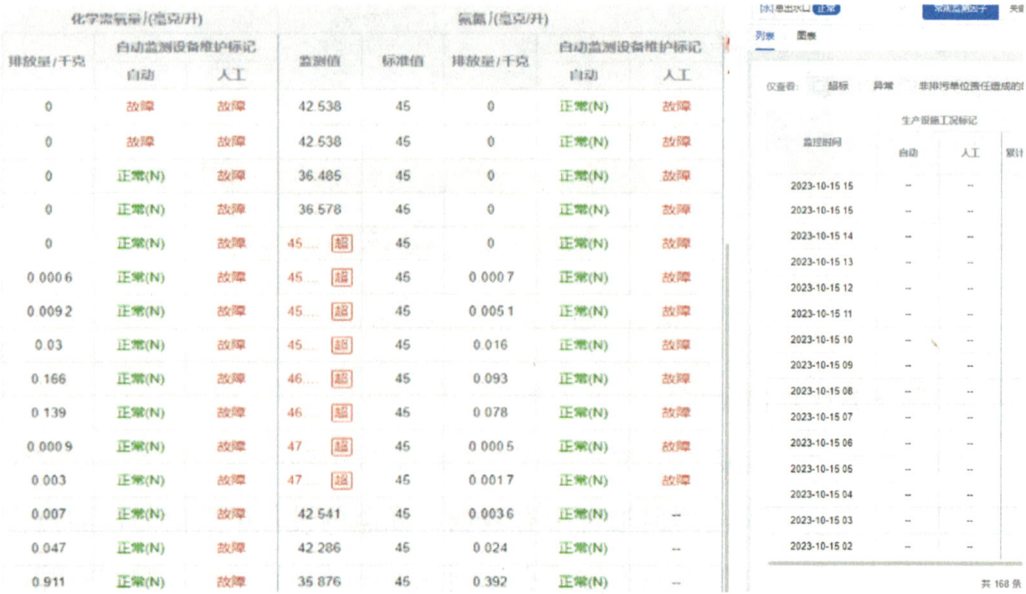

化学需氧量/(毫克/升)			氨氮/(毫克/升)				
排放量/千克	自动监测设备维护标记		监测值	标准值	排放量/千克	自动监测设备维护标记	
	自动	人工				自动	人工
0	故障	故障	42.538	45	0	正常(N)	故障
0	故障	故障	42.538	45	0	正常(N)	故障
0	正常(N)	故障	36.485	45	0	正常(N)	故障
0	正常(N)	故障	36.578	45	0	正常(N)	故障
0	正常(N)	故障	45… 超	45	0	正常(N)	故障
0.0006	正常(N)	故障	45… 超	45	0.0007	正常(N)	故障
0.0092	正常(N)	故障	45… 超	45	0.0051	正常(N)	故障
0.03	正常(N)	故障	45… 超	45	0.016	正常(N)	故障
0.166	正常(N)	故障	46… 超	45	0.093	正常(N)	故障
0.139	正常(N)	故障	46 超	45	0.078	正常(N)	故障
0.0009	正常(N)	故障	47 超	45	0.0005	正常(N)	故障
0.003	正常(N)	故障	47 超	45	0.0017	正常(N)	故障
0.007	正常(N)	故障	42.541	45	0.0036	正常(N)	--
0.047	正常(N)	故障	42.286	45	0.024	正常(N)	--
0.911	正常(N)	故障	35.876	45	0.392	正常(N)	--

[水]总出水口 正常　常规监测因子

列表　图表

仅查看：超标　异常　非排污单位责任造成的

监控时间	生产设施工况标记		累计
	自动	人工	
2023-10-15 15	--	--	
2023-10-15 15	--	--	
2023-10-15 14	--	--	
2023-10-15 13	--	--	
2023-10-15 12	--	--	
2023-10-15 11	--	--	
2023-10-15 10	--	--	
2023-10-15 09	--	--	
2023-10-15 08	--	--	
2023-10-15 07	--	--	
2023-10-15 06	--	--	
2023-10-15 05	--	--	
2023-10-15 04	--	--	
2023-10-15 03	--	--	
2023-10-15 02	--	--	

共 168 条

图 54　超标后在平台虚假标记